できるポケット

Word 2021 基本&活用マスターブック

ワード

Office 2021 & Microsoft 365 両対応

田中 亘 & できるシリーズ編集部

インプレス

本書の読み方

レッスンタイトル

やりたいことや知りたいことが探せるタイトルが付いています。

練習用ファイル

レッスンで使用する練習用ファイルの名前です。ダウンロード方法などは4ページをご参照ください。

サブタイトル

機能名やサービス名などで調べやすくなっています。

操作手順

パソコンの画面を撮影して、操作を丁寧に解説しています。

●手順見出し

1 Wordからファイルを開く

操作の内容ごとに見出しが付いています。目次で参照して探すことができます。

●操作説明

1 [開く] をクリック

実際の操作を1つずつ説明しています。番号順に操作することで、一通りの手順を体験できます。

●解説

Wordを起動しておく

操作の前提や意味、操作結果について解説しています。

レッスン

04 ファイルを開くには

動画で見る

ファイルを開く　練習用ファイル　L004_ファイルを開く.docx

基本編　第1章　Wordを使ってみよう

Wordで作成した文書は、ファイルというデータの集まりとして、Windowsに保管されます。すでに作成されたWordのファイルは、[開く] を使って内容を確認したり編集したりできます。ただし、作成者が不確かなファイルを [開く] ときには、注意が必要です。

1 Wordからファイルを開く

Wordを起動しておく

1 [開く] をクリック

2 [参照] をクリック

ショートカットキー
ファイルを開く
Ctrl+O

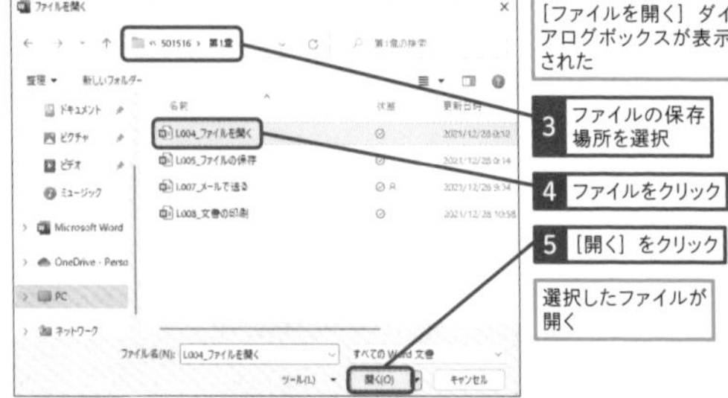

[ファイルを開く] ダイアログボックスが表示された

3 ファイルの保存場所を選択

4 ファイルをクリック

5 [開く] をクリック

選択したファイルが開く

28 できる

動画で見る

パソコンやスマートフォンなどで視聴できる無料のYouTube動画です。詳しくは20ページをご参照ください。

関連情報

レッスンの操作内容を補足する要素を種類ごとに色分けして掲載しています。

使いこなしのヒント

操作を進める上で役に立つヒントを掲載しています。

ショートカットキー

キーの組み合わせだけで操作する方法を紹介しています。

時短ワザ

手順を短縮できる操作方法を紹介しています。

用語解説

覚えておきたい用語を解説しています。

ここに注意

間違えがちな操作の注意点を紹介しています。

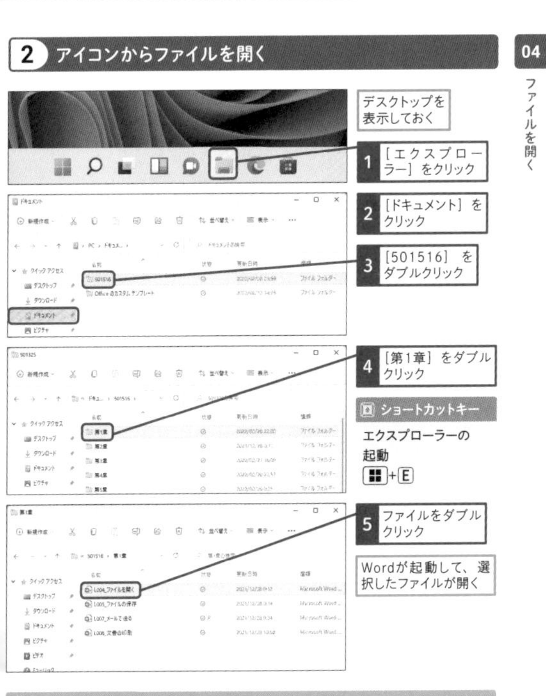

使いこなしのヒント

［保護ビュー］という表示で開かれたときには

インターネットからダウンロードしたファイルをWordで開くと［保護ビュー］という黄色いバーが表示されます。［保護ビュー］は、ファイルの安全性が確認できないときに、ウイルスやマルウェアへの感染を予防する機能です。［保護ビュー］の状態でも、文書の内容は確認できるので、信頼できる内容の文書であれば［編集を有効にする］をクリックして、編集できる状態に戻します。

できる 29

※ここに掲載している紙面はイメージです。
実際のレッスンページとは異なります。

練習用ファイルの使い方

本書では、レッスンの操作をすぐに試せる無料の練習用ファイルとフリー素材を用意しています。ダウンロードした練習用ファイルは必ず展開して使ってください。ここではMicrosoft Edgeを使ったダウンロードの方法を紹介します。

▼練習用ファイルのダウンロードページ
https://book.impress.co.jp/books/1122101048

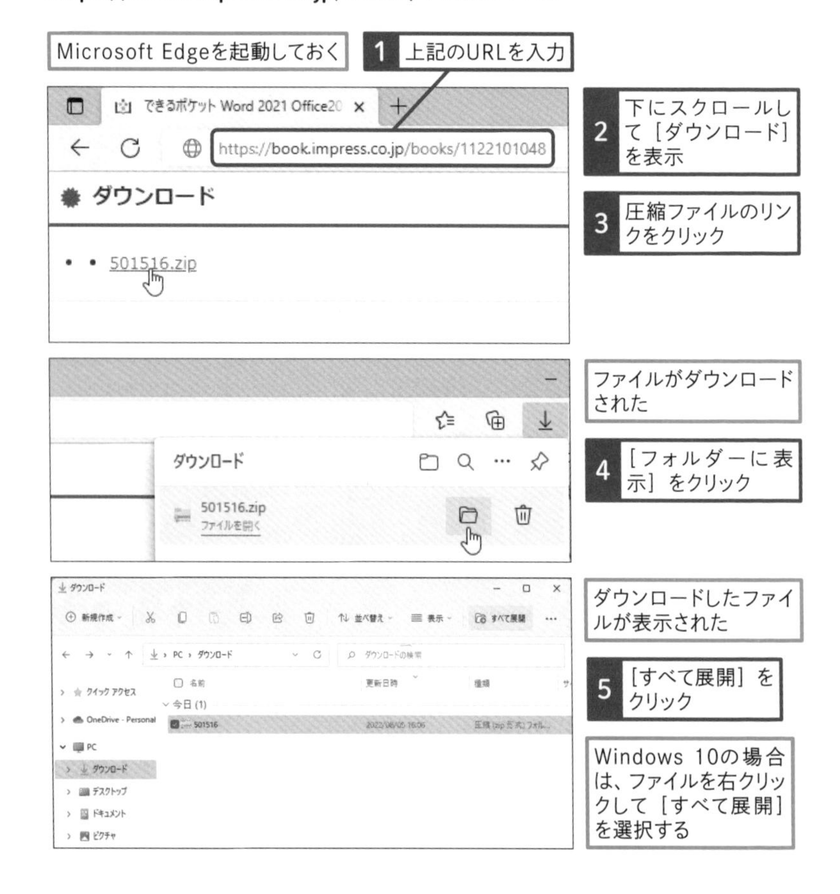

●練習用ファイルを使えるようにする

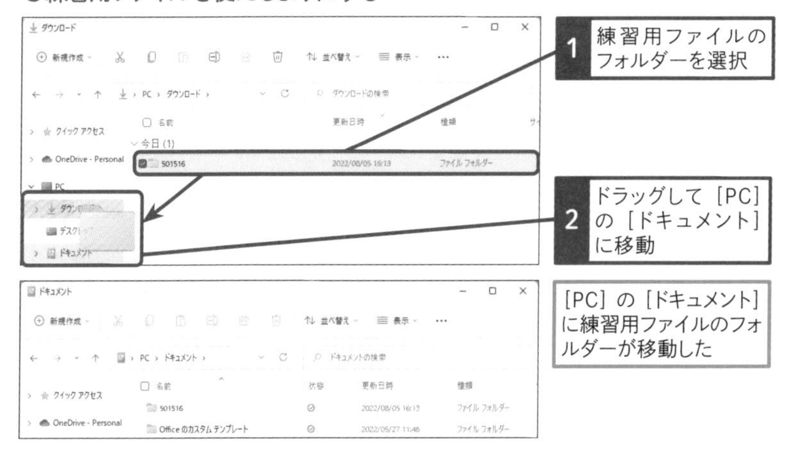

⚠ここに注意

インターネットを経由してダウンロードしたファイルを開くと、保護ビューで表示されます。ウイルスやスパイウェアなど、セキュリティ上問題があるファイルをすぐに開いてしまわないようにするためです。ファイルの入手時に配布元をよく確認して、安全と判断できた場合は［編集を有効にする］ボタンをクリックしてください。

練習用ファイルの内容

練習用ファイルには章ごとにファイルが格納されており、ファイル先頭の「L」に続く数字がレッスン番号、次がレッスンのサブタイトルを表します。練習用ファイルが複数あるものは、手順見出しに使用する練習用ファイルを記載しています。手順実行後のファイルは、［手順実行後］フォルダーに格納されており、収録できるもののみ入っています。

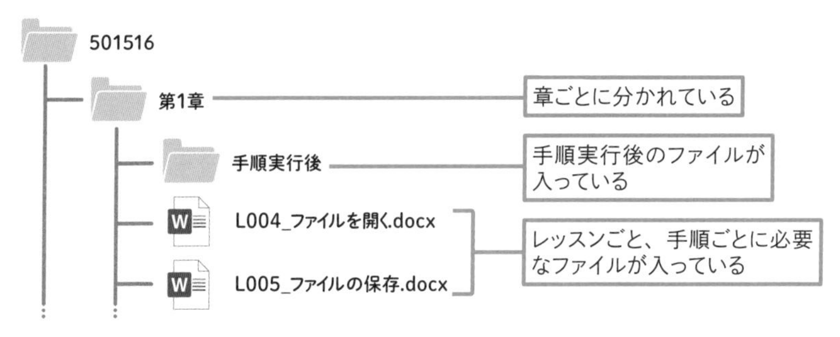

マウスやタッチパッドの操作方法

◆マウスポインターを合わせる
マウスやタッチパッド、スティックを動かして、マウスポインターを目的の位置に合わせること

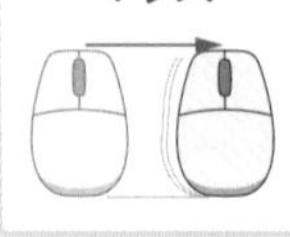

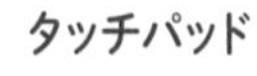

1 アイコンにマウスポインターを合わせる

アイコンの説明が表示された

◆クリック
マウスポインターを目的の位置に合わせて、左ボタンを1回押して指を離すこと

マウス

スティック

1 アイコンをクリック

アイコンが選択された

◆ダブルクリック
マウスポインターを目的の位置に合わせて、左ボタンを2回連続で押して、指を離すこと

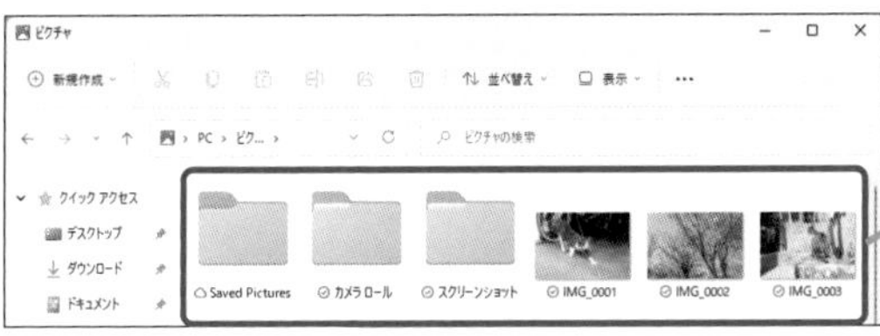

アイコンの内容が表示された

◆右クリック
マウスポインターを目的の位置に合わせて、右ボタンを1回押して指を離すこと

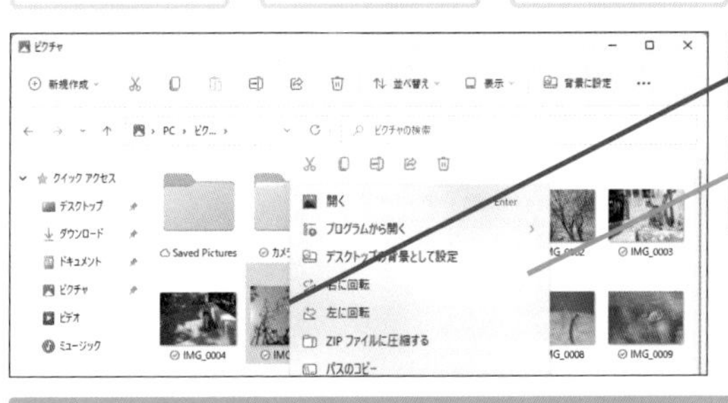

1 ファイルを右クリック

ショートカットメニューが表示された

使いこなしのヒント

マウスのホイールを使おう

マウスのホイールを回すと、表示している画面をスクロールできます。ホイールを下に回すと画面が上にスクロールし、隠れていた内容が表示されます。

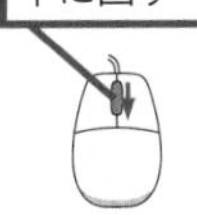

画面が上にスクロールする

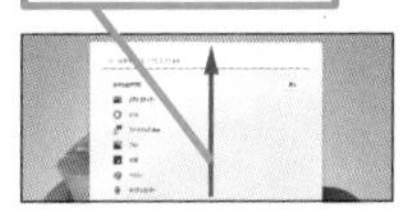

主なキーの使い方

＊下はノートパソコンの例です。機種によってキーの配列や種類、印字などが異なる場合があります。

キーの名前	役割
①エスケープキー（Esc）	操作を取り消す
②半角/全角キー（半角/全角）	日本語入力モードと半角英数モードを切り替える
③シフトキー（Shift）	英字を大文字で入力する際に、英字キーと同時に押して使う
④エフエヌキー（Fn）	数字キーまたはファンクションキーと同時に押して使う
⑤スペースキー（space）	空白を入力する。日本語入力時は文字の変換候補を表示する
⑥方向キー（←→↑↓）	カーソルキーを移動する
⑦エンターキー（Enter）	改行を入力する。文字の変換中は文字を確定する
⑧バックスペースキー（Back space）	カーソルの左側の文字や、選択した図形などを削除する
⑨デリートキー（Delete）	カーソルの右側の文字や、選択した図形などを削除する
⑩ファンクションキー（F1からF12）	アプリごとに割り当てられた機能を実行する

使いこなしのヒント

ショートカットキーを使うには

複数のキーを組み合わせて押すことで、アプリごとに特定の操作を実行できます。本書ではCtrl+Sのように表記しています。

●Ctrl+Sを実行する場合

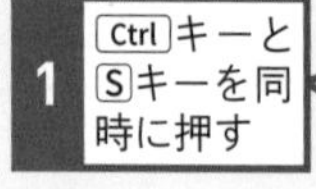

Word 2021にサインインするには

Word 2021をパソコンにインストールした後に、Microsoftアカウントでサインインを行う必要があります。下記の手順で進めましょう。

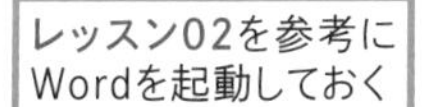

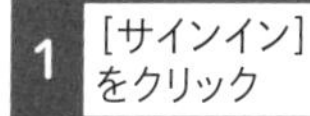

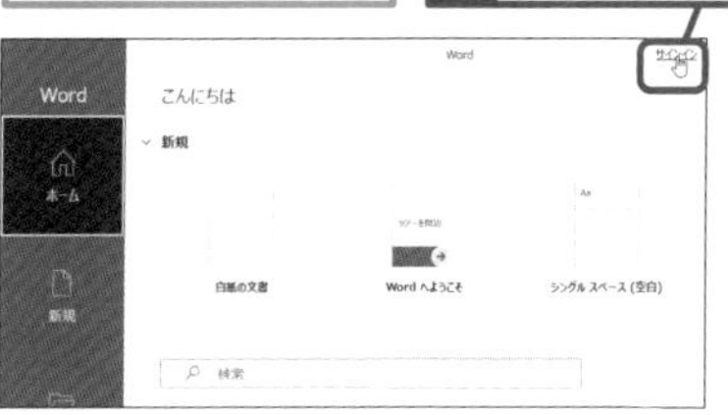

Microsoftアカウントにサインインする画面が表示された

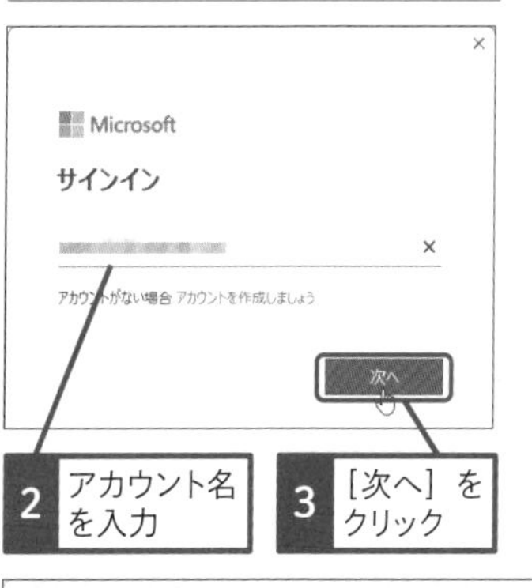

Microsoft

パスワードの入力

パスワードを忘れた場合

Windows Hello またはセキュリティ キーでサインイン

サインイン

4 パスワードを入力

5 [サインイン] をクリック

Windows Helloの使用画面が表示された

6 [OK] をクリック

Windowsにサインインしている方法で本人確認する

7 PINを入力

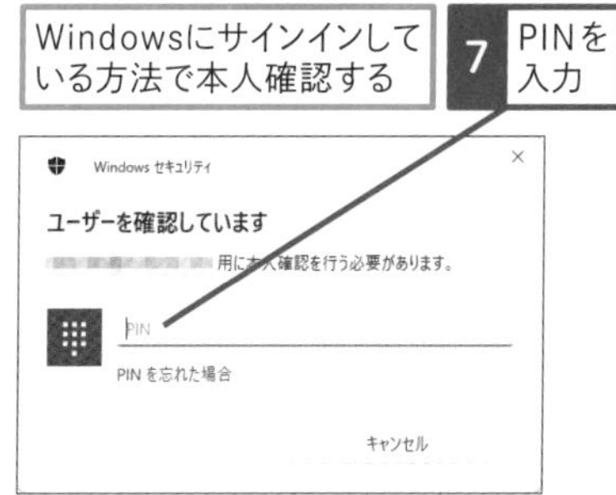

サインインが完了した

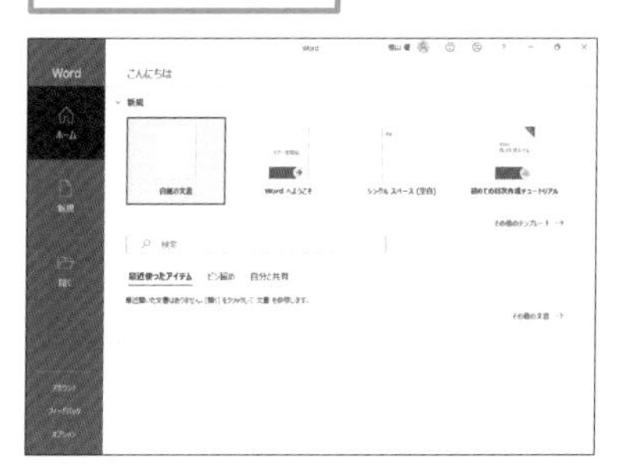

目次

動画について

操作を確認できる動画をYouTube動画で参照できます。画面の動きがそのまま見られるので、より理解が深まります。二次元バーコードが読めるスマートフォンなどからはレッスンタイトル横にある二次元バーコードを読むことで直接動画を見ることができます。パソコンなど二次元バーコードが読めない場合は、以下の動画一覧ページからご覧ください。

▼動画一覧ページ
https://dekiru.net/word2021p

●用語の使い方

本文中では、「Microsoft Word 2021」のことを、「Word 2021」または「Word」、「Microsoft Windows 11」のことを「Windows 11」または「Windows」と記述しています。また、本文中で使用している用語は、基本的に実際の画面に表示される名称に則っています。

●本書の前提

本書では、「Windows 11」に「Microsoft Word 2021」がインストールされているパソコンで、インターネットに常時接続されている環境を前提に画面を再現しています。

●本書に掲載されている情報について

本書で紹介する操作はすべて、2022年3月現在の情報です。

本書は2022年4月発刊の「できるWord 2021 Office 2021 & Microsoft 365両対応」の一部を再編集し構成しています。重複する内容があることを、あらかじめご了承ください。

基本編

第1章

Wordを使ってみよう

この章では、Word 2021の起動や終了、作成した文書を開いたり保存したりするなど、基礎的な操作について解説します。はじめてWord 2021を使う人は、この章から読み始めてください。また、すでに古いバージョンのWordを使ってきた経験のある人も、新しい画面構成などの確認に、一読されることをお勧めします。

レッスン

01 Wordとは

Wordの特徴 練習用ファイル なし

Wordは、世界中で広く使われている文書作成ソフトです。Wordは、白紙の紙に見立てた編集画面に文字や図形や画像を入力して、自由にレイアウトして文書作成できます。編集画面は、実際に印刷される紙面のイメージに近い表示になっているので、PCの画面を見ながらマウスやタッチパッドで、読みやすく伝わりやすい文書を編集できます。

文書作成ソフトとは

Wordの文書作成では、文字や図形に画像を入力して、カラフルな装飾や凝ったデザインを設定できるので、雑誌の紙面やカタログのような文書も作成できます。また、長文の入力にも対応しているので、論文やレポートなど文字量の多い文書の作成にも適しています。

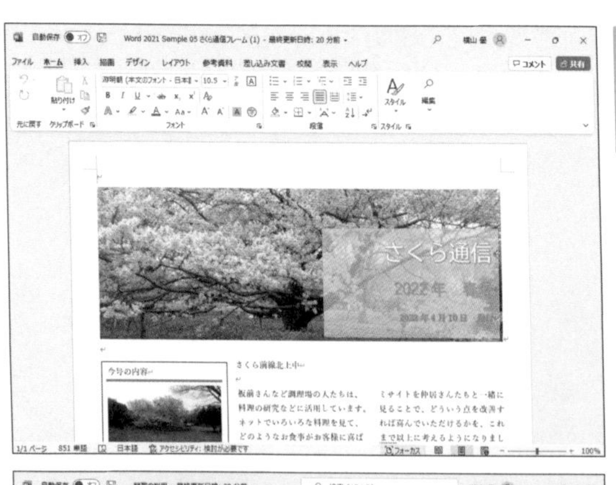

文書作成の定番ソフトとして、ビジネスをはじめ幅広く使われている

Office 2021ではファイルの共有機能が強化されている

ビジネス文書が作れる

Wordの罫線や表の計算機能を活用すると、文例の見積書のようなビジネス文書が作れます。また、一度作成したビジネス文書は、宛先や内容を変更するだけで再利用できるので、業務の効率化にもつながります。

見積書

株式会社 OFFICE YUNTO 様

入力規制や数式などを組み込むことで、一部を自動化した文書ファイルを作成できる

自由なレイアウトの印刷物が作れる

Wordの編集画面には、写真や図形を自由にレイアウトできるので、カラフルで装飾性に富んだ印刷物も作成できます。また、文字の装飾も充実しているので、凝ったタイトルや見栄えのする文章も編集できます。

News Letter Vol.01

GoPro Karma 体験レポート

写真やイラストなどを自由に配置した印刷物を作成できる

文書作成を効率化できる

パソコンで文書を作成するメリットは、再利用にあります。手書きの文書では、類似した書類であっても、一から書き起こさなければなりません。しかし、Wordで作成し保存した文書は、何度でも繰り返し再利用できます。その結果、文書作成が効率化されて業務の生産性も向上します。

レッスン

02 Wordを起動/終了するには

Wordの起動・終了　練習用ファイル　なし

Wordを使うためには、最初に「起動」します。また、使い終わったときには「終了」します。起動と終了は、WordのようなWindowsのアプリを使うための基本操作です。デスクトップを机に例えるならば、「起動」は白紙の紙を広げるような作業になります。

1 Wordを起動するには

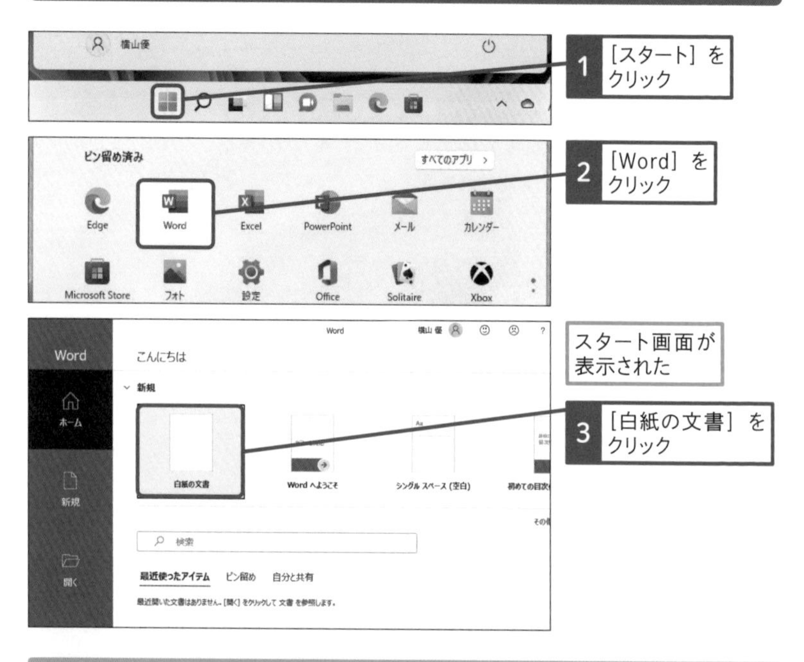

使いこなしのヒント

[スタート] メニューにWordが見つからないときには

Windowsの [スタート] メニューを開いてもWordのアイコンが見つからないときは、[すべてのアプリ] をクリックして、起動できるアプリの一覧を表示します。その一覧の中から、Wordの項目を探してクリックして起動します。

● 白紙の文書が表示された

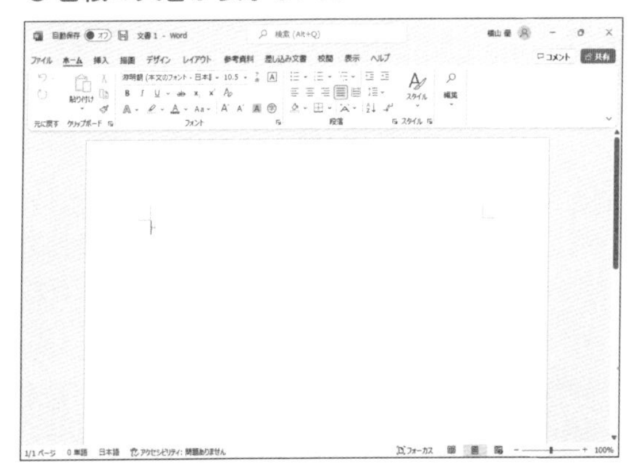

文書の編集が可能になった

2 Wordを終了するには

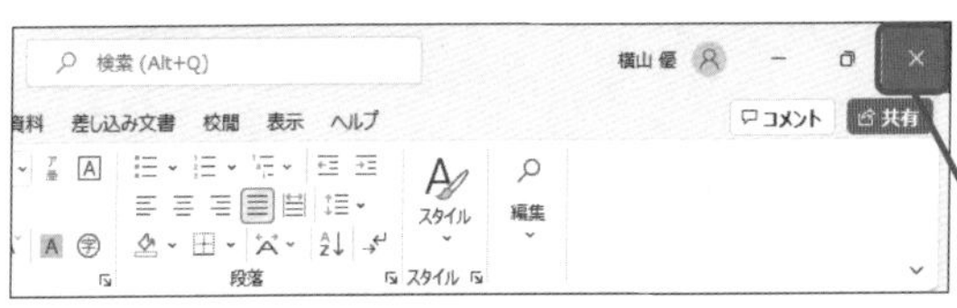

ここではファイルを保存せずに終了する

1 ［閉じる］をクリック

Wordが終了する

Wordが終了して、デスクトップが表示された

使いこなしのヒント

全画面表示で編集画面を広く使う

Wordのウィンドウの右上にある［全画面表示］をクリックすると、Windowsのデスクトップ全体にWordの編集画面が表示されます。Wordを使い慣れないうちは、できるだけ広い画面で確認した方が、より多くの情報を一望できるので、操作が容易になります。

レッスン

03 Wordの画面構成を確認しよう

各部の名称、役割　練習用ファイル　なし

Wordの画面は、文字や画像を入力する編集画面の他に、機能を選ぶリボンや各種の情報を表示するバーなどで構成されています。それぞれの表示の意味を理解しておくと、Wordの操作で迷ったときに、どこを見て選べばいいのか、容易に判断できるようになります。

Word2021の画面構成

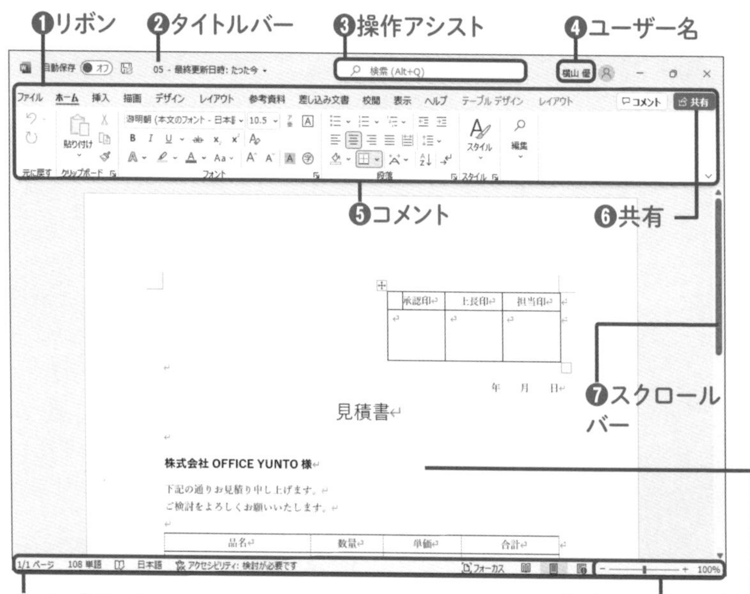

ステータスバー

ステータスバーには、左側に編集しているページ数や入力されている単語数など、文書に関する情報が表示されます。また、右側には拡大や縮小に表示モードを選択するアイコンが並びます。

編集画面

文書作成のための文章を入力する部分です。文字のほかに、画像や図形にグラフなど、さまざまなデータを入力できます。

❶リボン
編集機能を選ぶアイコンが表示されています。ここから機能に合わせたアイコンをクリックして、編集を行います。

タブを切り替えて、目的の作業を行う

❷タイトルバー
編集している文書名やウィンドウの表示方法や終了などの操作に関するボタンが並びます。

[自動保存] が有効かどうかが表示される

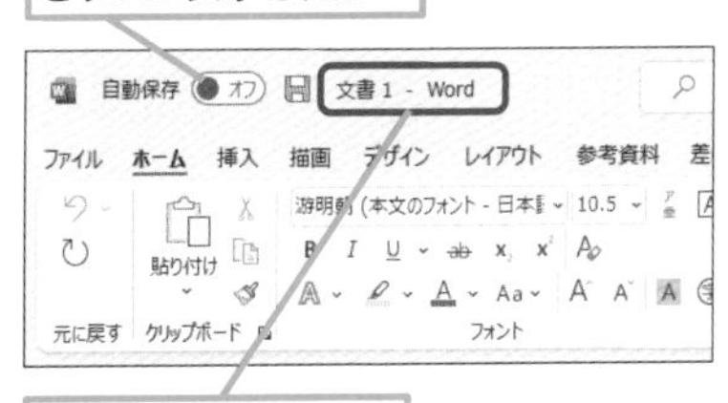

開いているファイルの名前が表示される

❸操作アシスト
操作方法を検索して実行する機能です。例えば、印刷と入力すると、印刷関連の機能が表示されます。

❹ユーザー名
Wordを使っているユーザー名（Microsoftアカウントなど）が表示されます。

クリックすると、サインアウトしたり、Microsoftアカウントを切り替えたりできる

❺コメント
文章に挿入したコメントを確認する[コメント] ウィンドウを開きます。

❻共有
OneDriveを活用してクラウド経由で他の人と文書を共有する機能です。

❼スクロールバー
パソコンの画面に表示し切れない文書の内容を表示するために、編集画面を上下に移動するための操作バーです。

❽ズームスライダー
編集画面の拡大や縮小をマウスで操作するスライダーです。

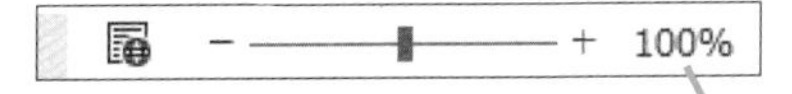

ここをクリックして [Zoom] ダイアログボックスを表示しても、画面の表示サイズを任意に切り替えられる

ここに注意

お使いのパソコンの画面の解像度が違うときは、リボンの表示やウィンドウの大きさが異なります。

レッスン

04 ファイルを開くには

ファイルを開く　練習用ファイル　L004_ファイルを開く.docx

Wordで作成した文書は、ファイルというデータの集まりとして、Windowsに保管されます。すでに作成されたWordのファイルは、［開く］を使って内容を確認したり編集したりできます。ただし、作成者が不確かなファイルを［開く］ときには、注意が必要です。

1 Wordからファイルを開く

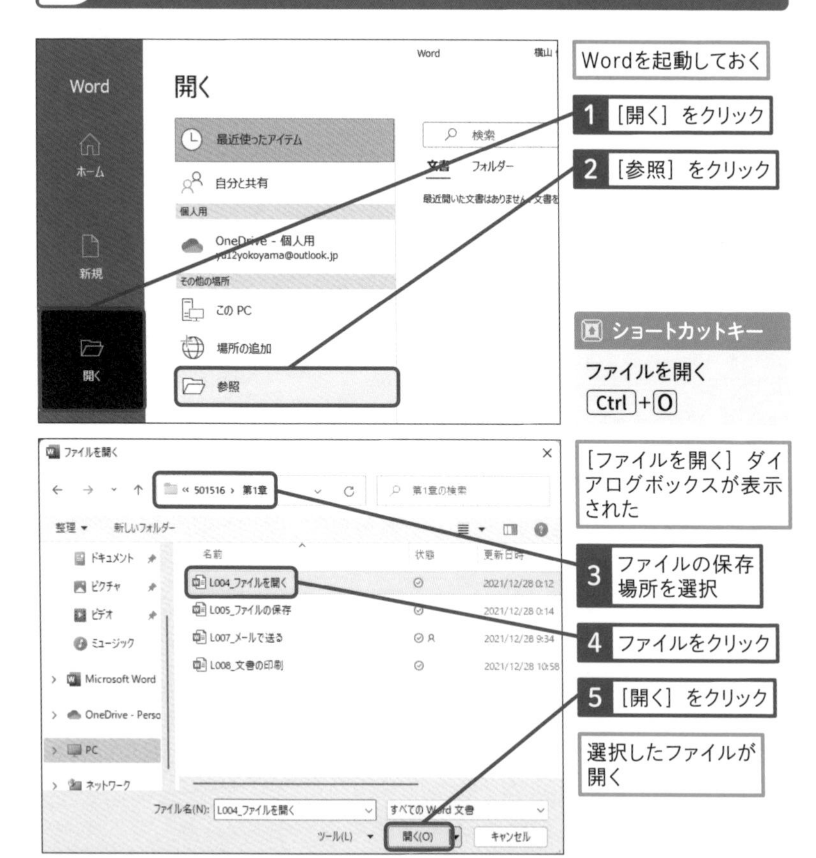

2 アイコンからファイルを開く

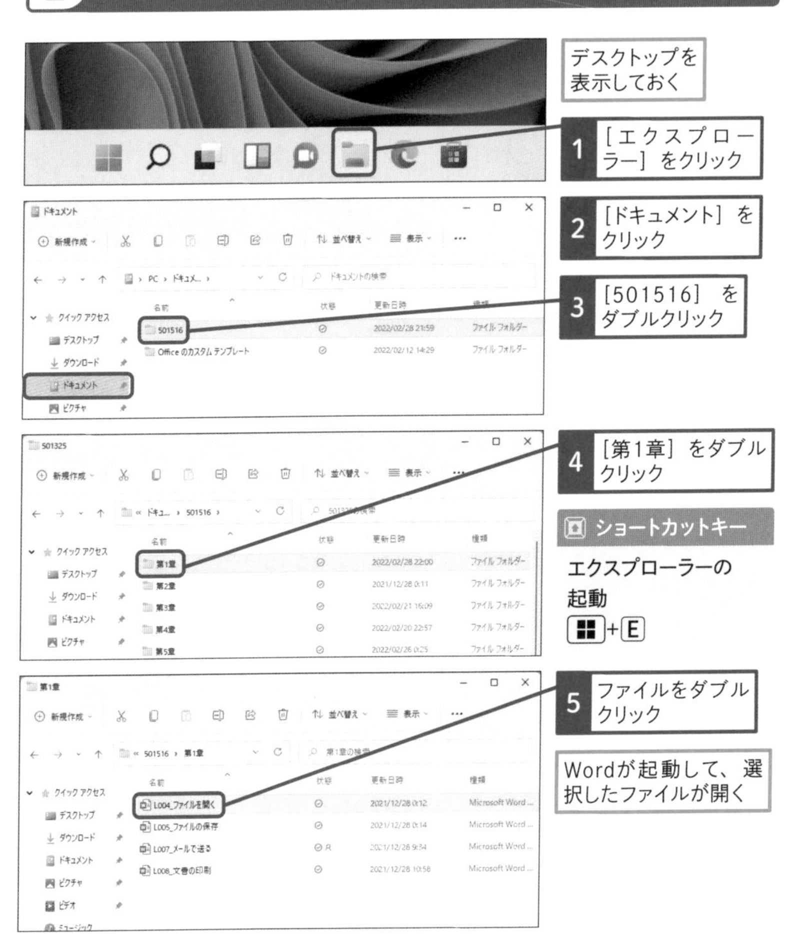

ショートカットキー

エクスプローラーの起動
⊞+E

使いこなしのヒント

[保護ビュー] という表示で開かれたときには

インターネットからダウンロードしたファイルをWordで開くと [保護ビュー] という黄色いバーが表示されます。[保護ビュー] は、ファイルの安全性が確認できないときに、ウイルスやマルウェアへの感染を予防する機能です。[保護ビュー] の状態でも、文書の内容は確認できるので、信頼できる内容の文書であれば [編集を有効にする] をクリックして、編集できる状態に戻します。

レッスン
05 ファイルを保存するには

ファイルの保存　練習用ファイル　L005_ファイルの保存.docx

Wordで作成した文書は、ファイルとしてパソコンに保存します。保存されたファイルは、[開く] で編集画面に表示して、内容を確認したり編集したりできます。また、保存するときのファイル名を変更すると、元のファイルを残したままで、新しいファイルとして保存できます。

1 ファイルを上書き保存する

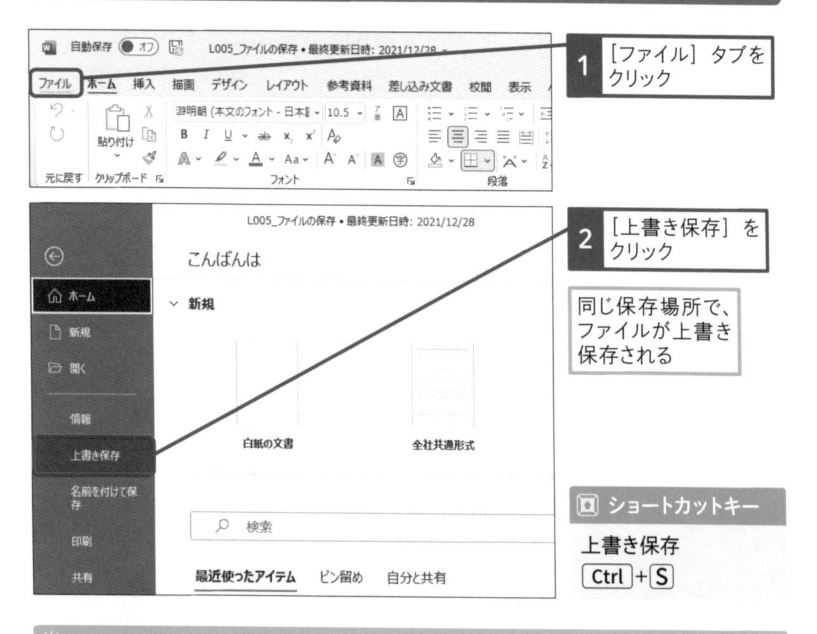

ショートカットキー

上書き保存
Ctrl + S

使いこなしのヒント

上書き保存と名前を付けて保存の違いを知ろう

[上書き保存] は、新しいファイルとして作成した文書を保存するときや、編集するために開いたファイルを更新したいときに利用します。上書き保存を実行すると、過去のファイルは更新されてしまいます。もし、元のファイルも残しておきたいときは、[名前を付けて保存] を使って、別のファイル名で保存します。

2 ファイルに名前を付けて保存する

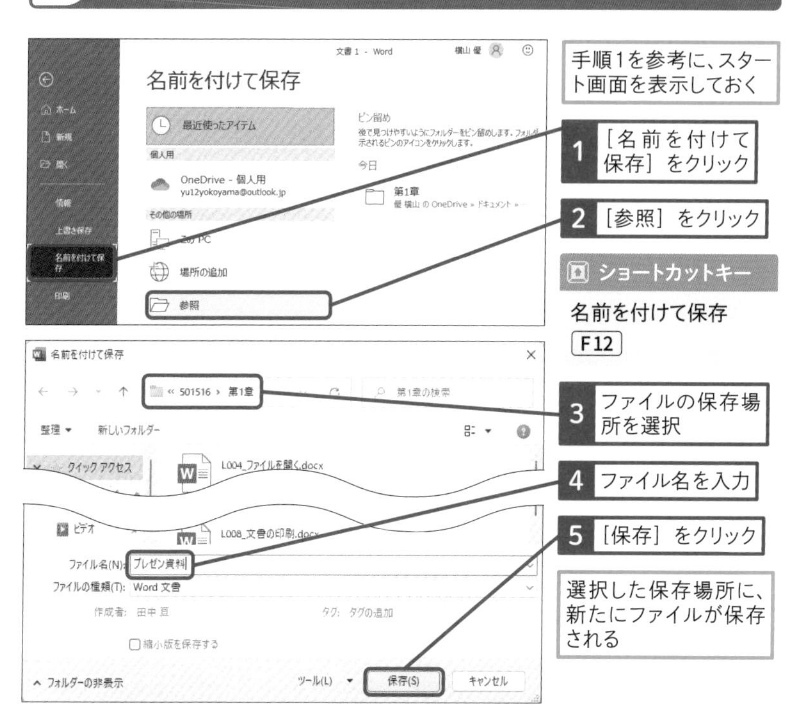

ショートカットキー

名前を付けて保存

F12

3 ファイルの自動保存を有効にする

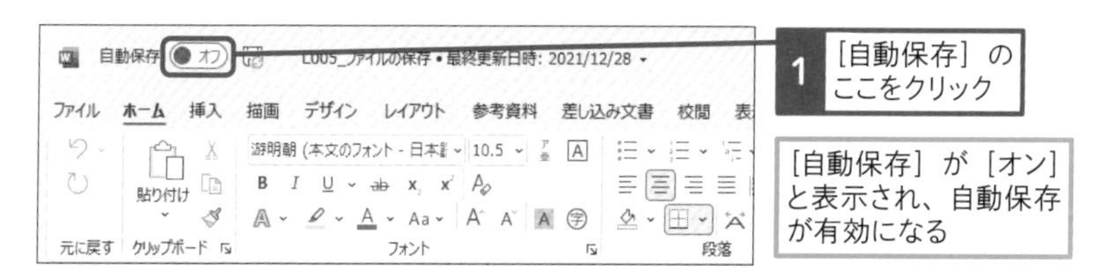

使いこなしのヒント

ファイル名に使用できない文字がある

ファイル名には、以下の半角記号は利用できません。

¥ / : * ? " < > |

これらの記号は、Windowsが特殊な目的に利用しているので、ファイル名としては認識されないためです。

レッスン

06 タブやリボンの表示・非表示を切り替えよう

タブやリボンの表示・非表示　練習用ファイル　なし

Wordの編集は、リボンにアイコンとして表示されています。それぞれのアイコンは、編集機能を連想させる絵柄になっています。また、リボンは目的ごとに機能がまとめられています。そのリボンを切り替えるために、[ホーム] や [挿入] などのタブが並んでいます。さらに、Wordの各種設定を切り替えるために、[Wordのオプション] が用意されています。

1 タブを切り替える

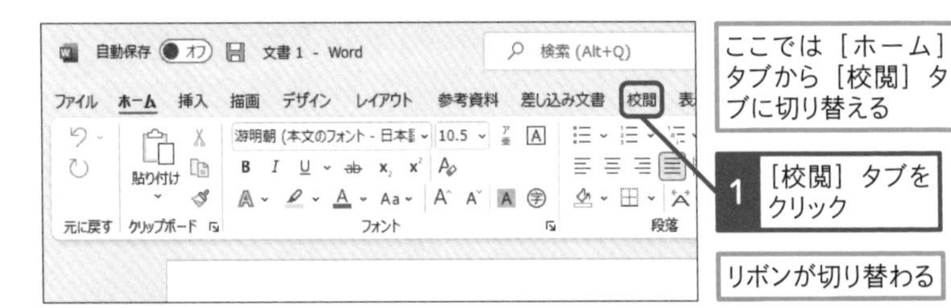

2 リボンを非表示にする

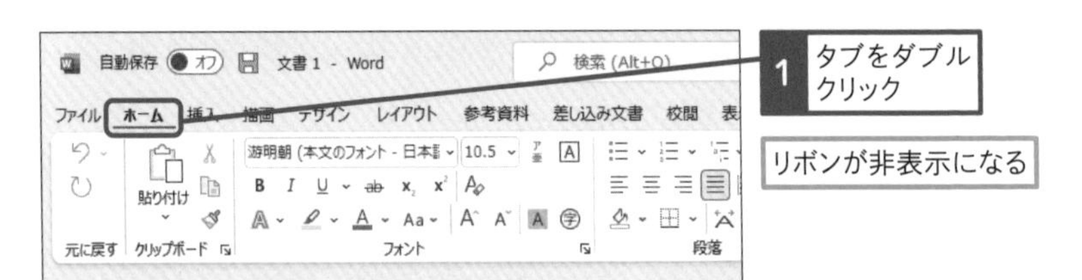

使いこなしのヒント

すべての機能を覚える必要はない

Wordで使える編集機能は、リボンに集約されています。しかし、はじめからリボンの内容を完全に覚える必要はありません。中には、まったく使わない機能もあります。必要な機能を優先して覚えていくだけで、十分にWordを使いこなせるようになります。

3 リボンを表示する

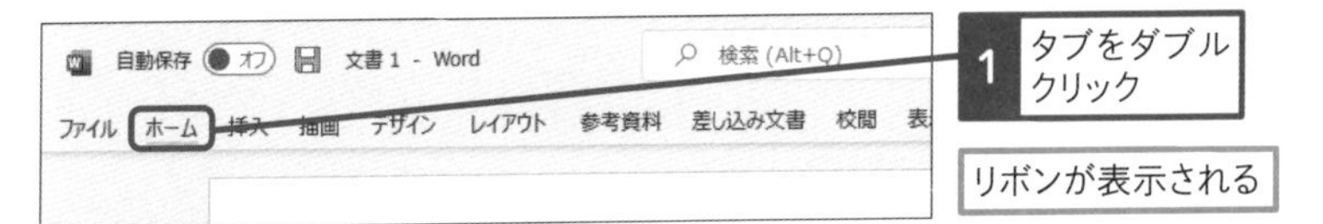

4 [Wordのオプション] を表示する

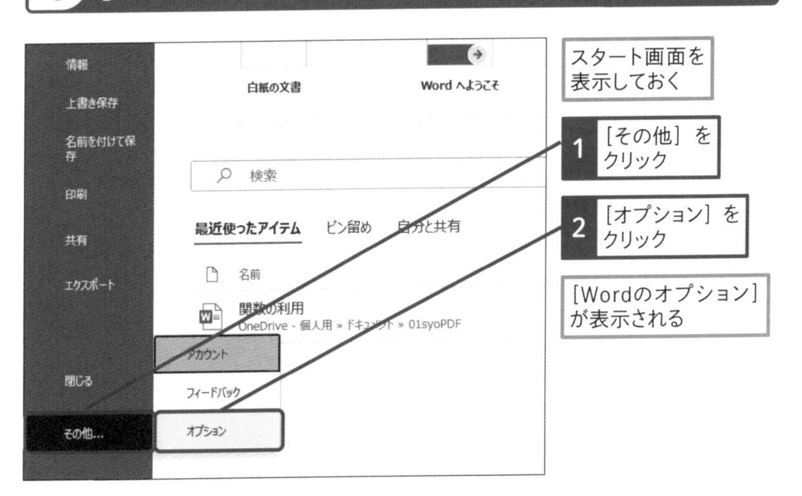

使いこなしのヒント

[Wordのオプション] って何？

[Wordのオプション] は、Wordに標準で設定されている各種機能のオン/オフを切り替えたり、ユーザー名の登録や自動保存の間隔などを調整したりするために用意されている設定画面です。通常は、標準設定のままで利用しますが、必要に応じて設定を変えることで、より使いやすくなります。

使いこなしのヒント

隠れたタブにも注意する

Wordのリボンは、最初に表示される種類の他にも、編集の目的に応じて表示されるタブがあります。特に、図形を描画したり、凝った装飾を施したりするときは、通常では表示されないタブを活用します。隠れたタブについては、具体的に必要になるときに、各レッスンで紹介していきます。

レッスン

07 文書をメールで送るには

メールで送る　練習用ファイル　L007_メールで送る.docx

Wordで作成してファイルとして保存した文書は、メールの添付ファイルとして送付できます。利用するメールのアプリによって操作方法が異なりますが、基本的には添付ファイルとして、各メールソフトの［添付ファイルの追加］機能で追加して送信します。

1 ［メール］アプリで添付する

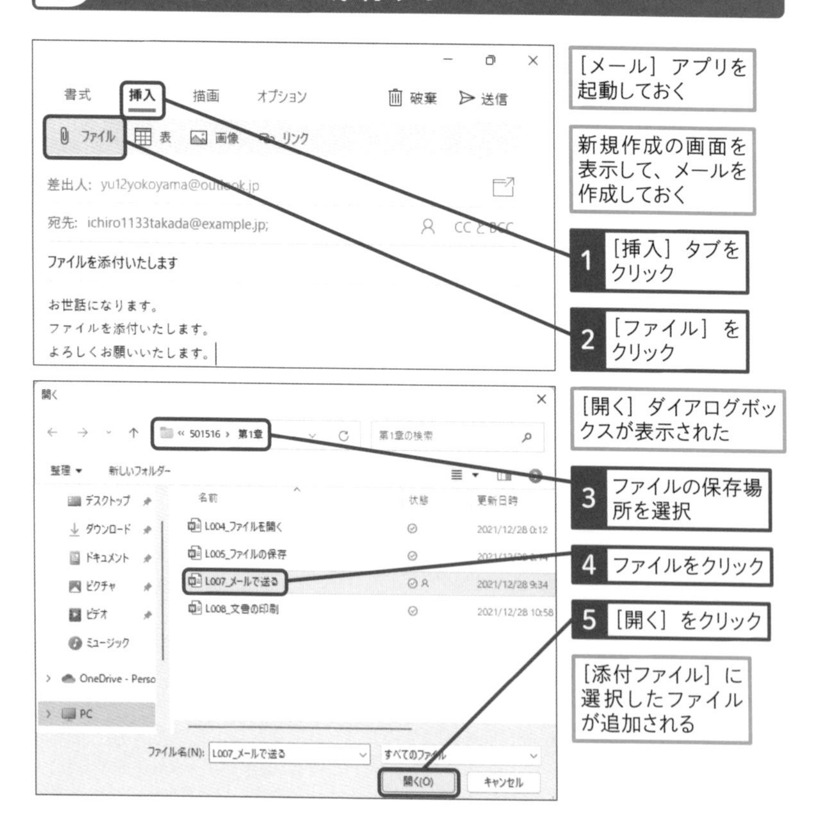

使いこなしのヒント

添付と共有の違いは?

メールの［添付ファイルの追加］では、パソコンに保存されているWordの文書を実際のデータとして送信します。受け取った相手は、その添付ファイルを自分のパソコンに保存して、Wordで開きます。それに対して［共有］は、OneDriveのようなクラウドにあるストレージ（保存場所）を介して、一つの文書ファイルを複数の利用者で閲覧したりする機能です。[共有]を利用すると、メールには実際の文書ファイルではなく、クラウドで共有する文書が保存されているリンク先（URL）が送信されます。

2 Outlookでファイルのリンク先を共有する

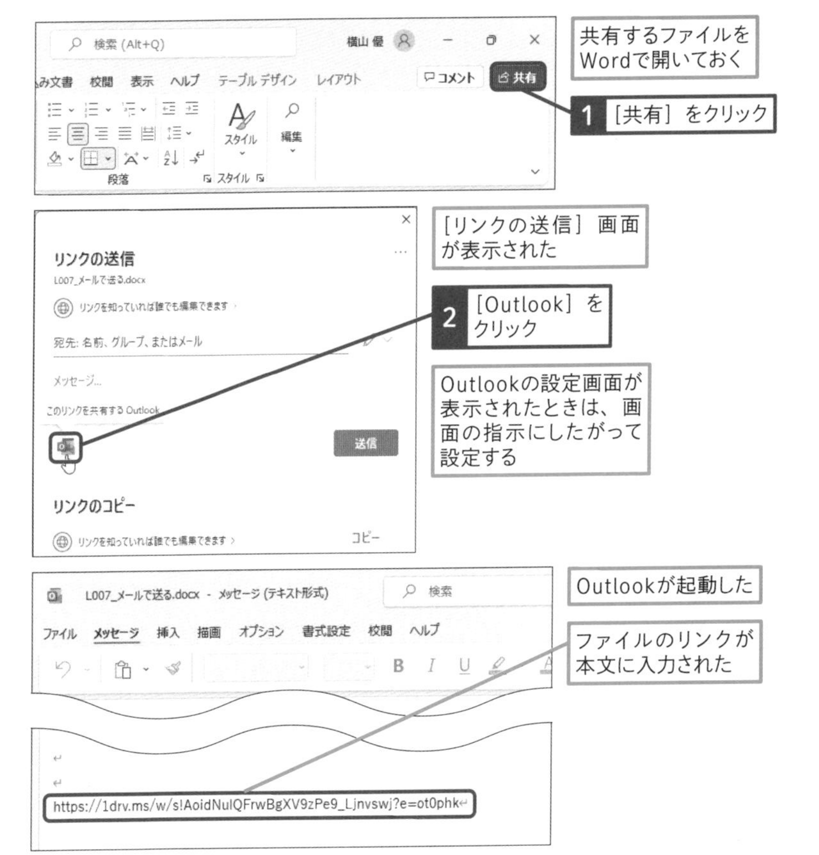

レッスン

08 文書を印刷するには

文書の印刷　練習用ファイル　L008_文書の印刷.docx

パソコンに接続されているプリンターで、Wordの文書を印刷できます。実際に印刷するときには、Windowsにプリンターが登録されているか確認しておきましょう。プリンターが登録されていると、レッスンのように機種が選べます。

1 ［印刷］画面を表示する

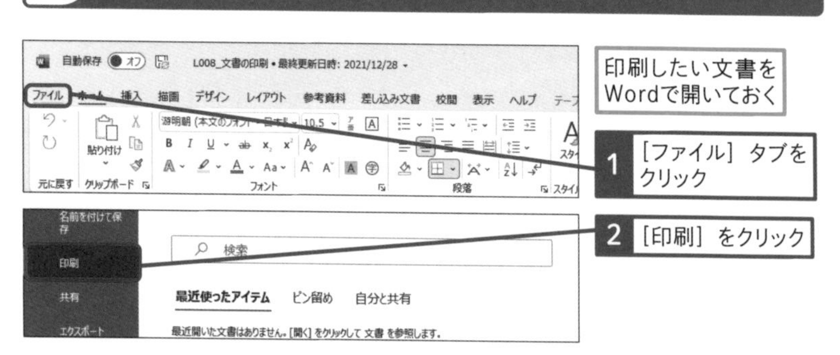

2 プリンターと用紙を設定する

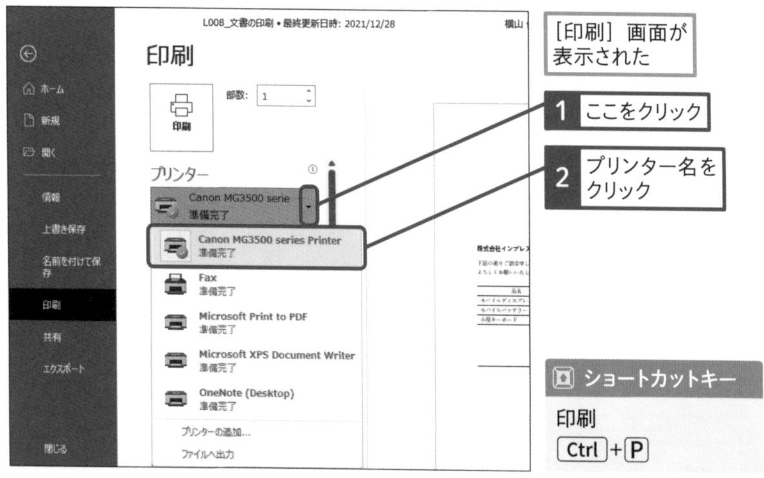

ショートカットキー

印刷

Ctrl+P

使いこなしのヒント

Windowsにプリンターを登録するとは

Wordで文書を印刷するためには、Windowsからプリンターを操作するためのソフトウェア（プリンタードライバー）を事前に登録しておく必要があります。通常、はじめてプリンターをパソコンに接続すると、Windowsがプリンタードライバーのインストールを促してきます。もし、プリンタードライバーがインストールされていないときには、利用しているプリンターの機種に用意されている説明書を参考に登録してください。

● 用紙を設定する

スキルアップ

作業中にファイルを開くには

すでにWordで文書を編集しているときに、別のファイルを開いて使いたいときには、［ファイル］を使って、スタート画面と同じ操作で開けます。

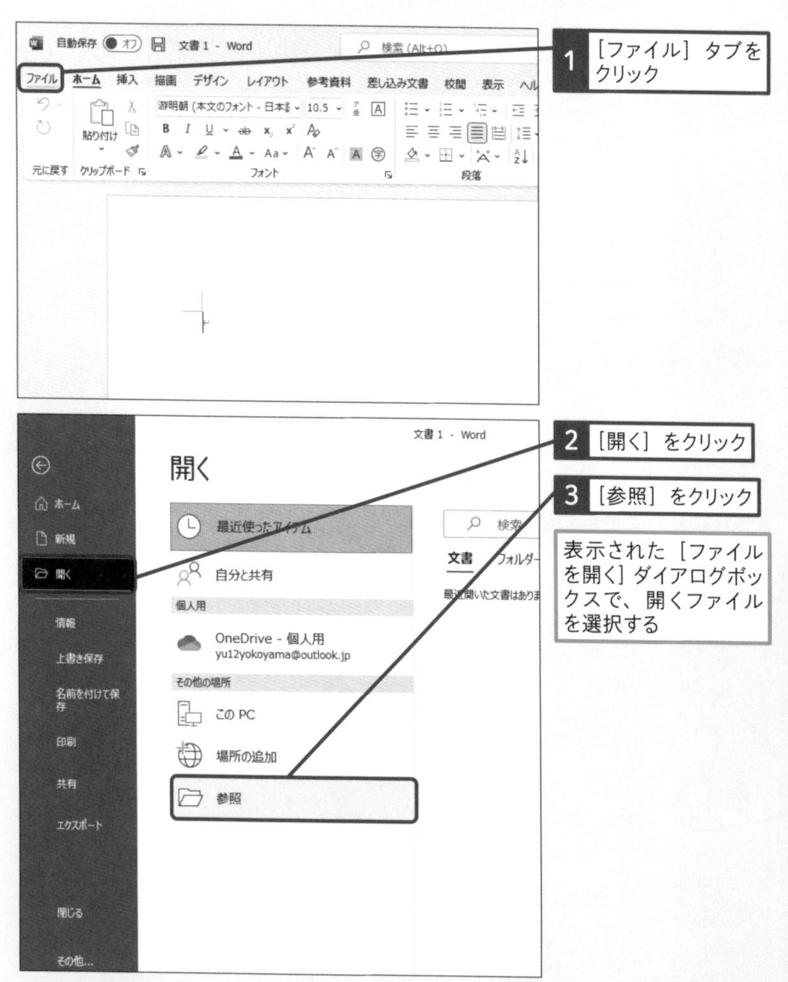

基本編

第2章

文字の入力方法を学ぼう

Wordの文書作成の第一歩は、文字の入力です。日本語入力の基本は、スマートフォンなどと同様で、読み仮名を入力してから漢字に変換します。もし、キーボードを使った文字入力に慣れていないときは、この章で基礎的な使い方を理解してください。

レッスン 09

日本語入力の基本を覚えよう

Microsoft IME　練習用ファイル　なし

Wordの日本語入力では、Windows 11に標準で装備されているMicrosoft IME（Input Method Editor:インプット・メソッド・エディタ）という機能を使います。Microsoft IMEは、Word以外のアプリでも日本語入力に利用できます。

1 入力方式を確認する

使いこなしのヒント

Microsoft IME以外の入力方式もある

Windowsに標準で装備されているMicrosoft IME以外にも、市販の日本語入力支援ソフトがWordでは利用できます。著名なIMEには、ジャストシステムのATOKやGoogle日本語入力などがあります。Windowsでは、複数のIMEを登録して、切り替えて使えます。また、外国語に対応しているIMEを利用すると、中国語や韓国語、ロシア語やアラビア語なども入力できます。

2 ローマ字入力とかな入力について知ろう

英語も日本語も入力しなければならない日本語キーボードには、1つのキーに複数の役割があります。かなとローマ字では、その役割の違いを使って読みを入力します。

● キーの印字と入力される文字

Shift キーを押しながらキーを押すと、この文字が入力される

かな入力のとき押すと、この文字が入力される

そのままキーを押すと、この文字が入力される

3 日本語と英字を切り替える

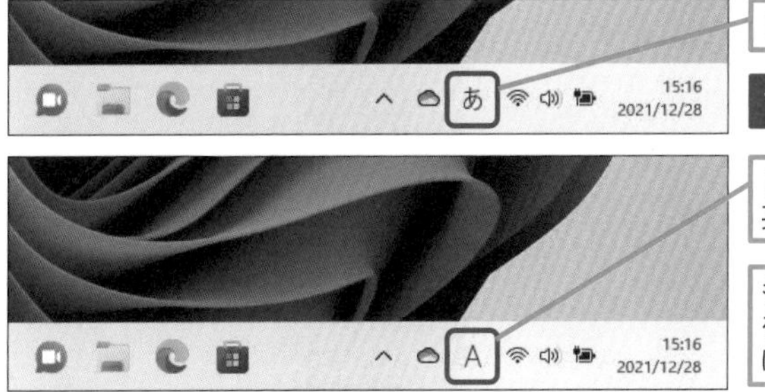

[あ] と表示されている

1 半角/全角 キーを押す

[A] と表示され、英字入力になった

もう一度、半角/全角 キーを押すと日本語入力に戻る

使いこなしのヒント

かな入力のオンとオフを切り替えるには

キーボードに刻印されている「かな」の表記をそのまま入力したいときは、[かな入力] をオンにします。

1 [かな入力（オン）] をクリック

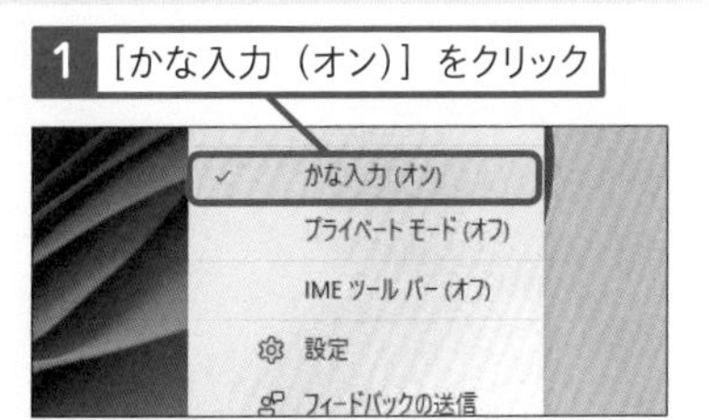

かな入力がオフになる

レッスン

10 日本語を入力するには

日本語入力　練習用ファイル　なし

漢字とかなで構成される日本語入力の基本は、読み仮名の入力と変換です。日本語は同音異義語が多いので、変換された候補の中から、適した漢字を選んで文章を入力していきます。また、よく使う同音異義語は、優先的に表示されるようになります。

1 ひらがなを入力する

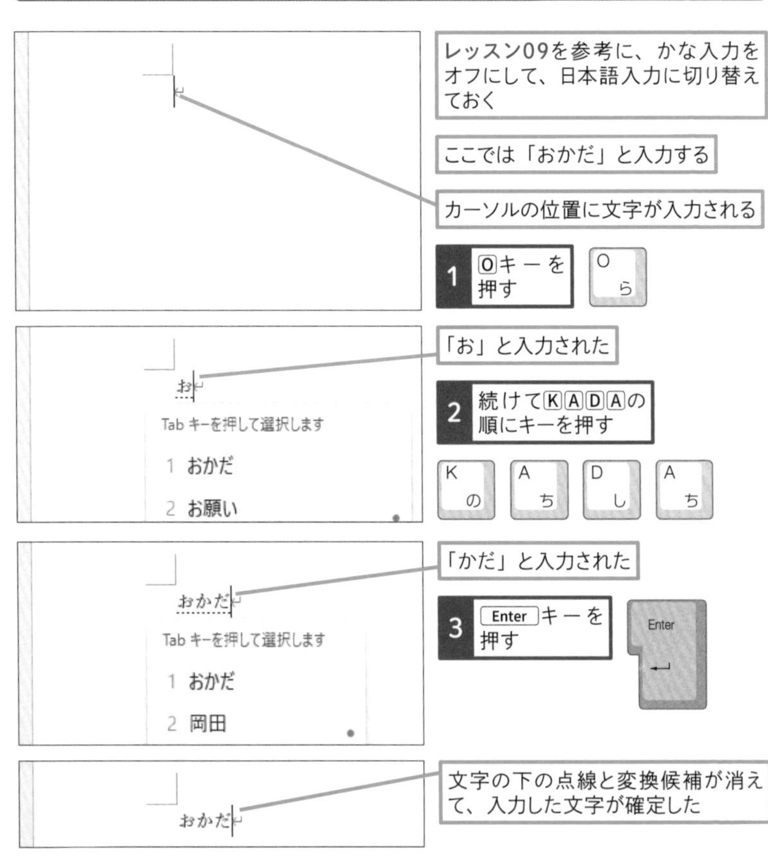

2 漢字を入力する

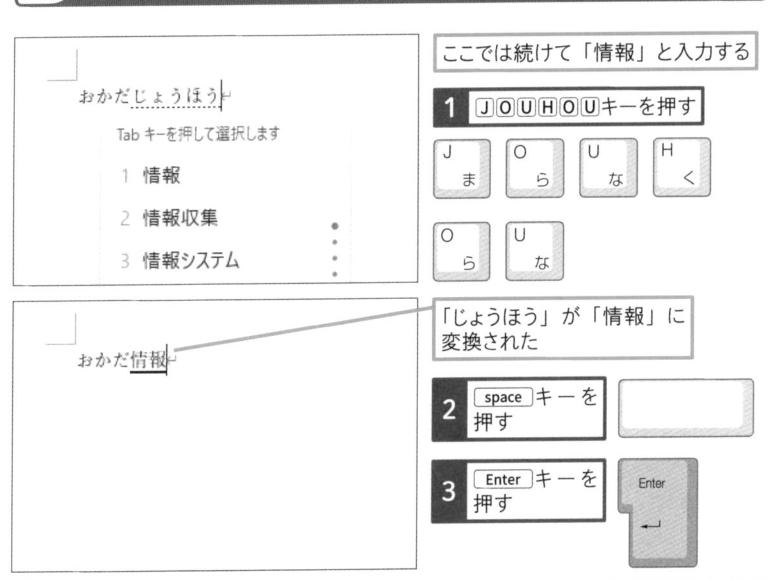

3 変換候補から変換する

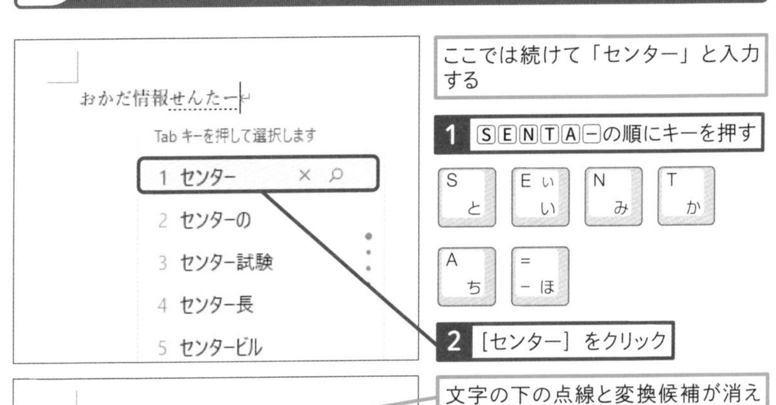

次のページに続く

4 文節ごとに変換する

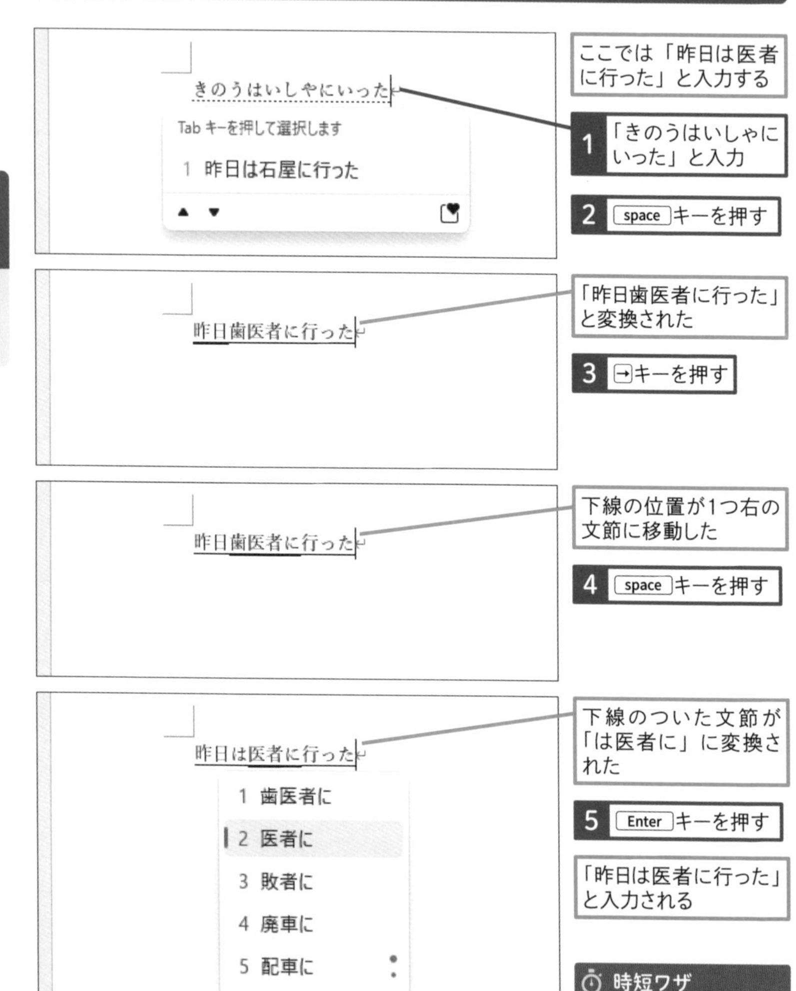

時短ワザ

ファンクションキーで変換するには

読み仮名は、ファンクションキーを使うとカタカナや英文字に変換できます。

5 確定後の文字を再変換する

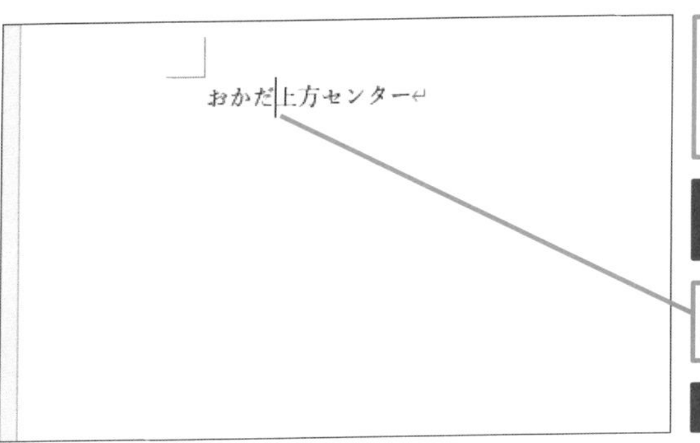

ここでは「おかだ上方センター」の「上方」を「情報」に再変換する

1 「上方」の左をクリック

変換したい文節の前にカーソルが移動した

2 変換キーを押す

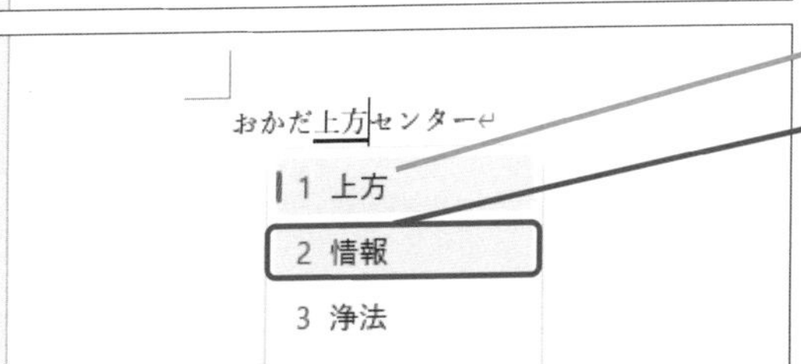

変換候補が表示された

3 ［情報］をクリック

4 Enterキーを押す

「上方」が「情報」に変換される

6 同音異義語の意味を調べる

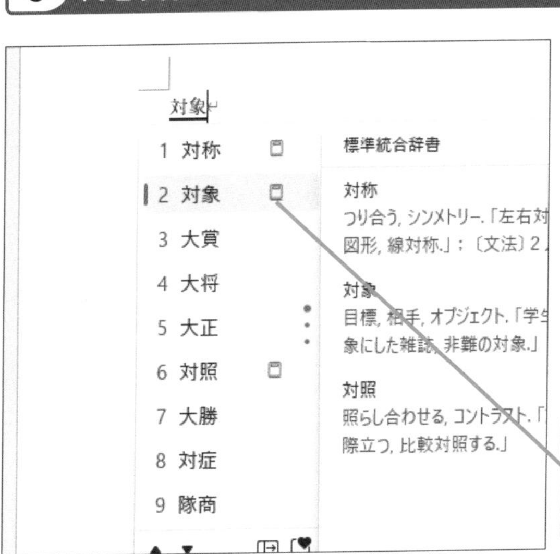

ここでは「たいしょう」の同音異義語の意味を調べる

1 「たいしょう」と入力

2 spaceキーを2回押す

標準統合辞書が表示され、同音異義語の意味を調べられる

↑↓キーを押して、アイコンの付いた変換候補を選択すると、標準統合辞書が表示される

レッスン

11 英字を入力するには

英字入力　練習用ファイル　なし

日本語の文書でも、英数字はよく使います。Microsoft IMEの入力モードを切り替えると、英数字も入力できます。英数字には、半角と全角の2つの種類があります。作成する文書の用途に合わせて、切り替えて入力しましょう。

1 英字を入力する

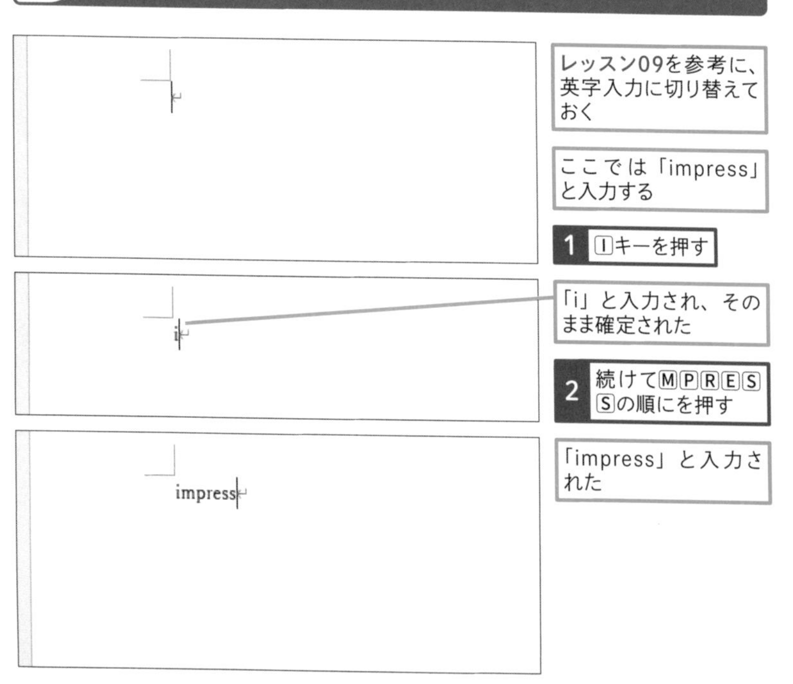

使いこなしのヒント

全角の英字で入力するには

全角の英数字を入力したいときは、入力モードから［全角英数字］を選択します。また、ファンクションキーを使うと、半角で入力した英数字をあとから全角に変換できます。

2 大文字を入力する

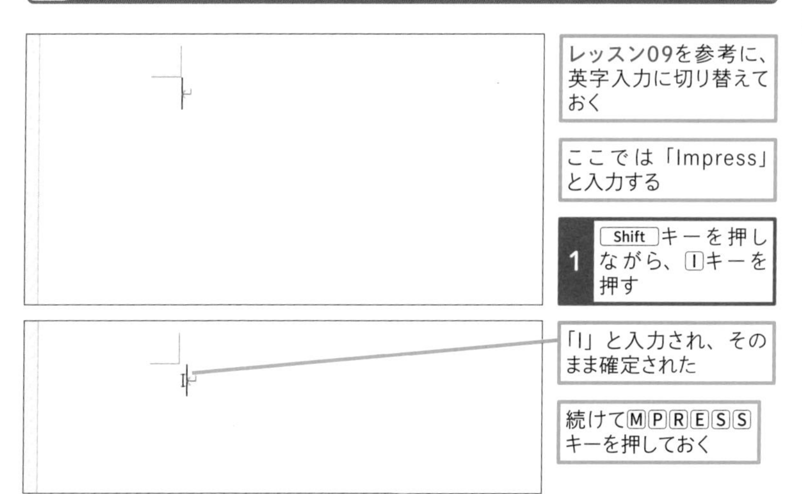

3 行の先頭の文字を小文字にする

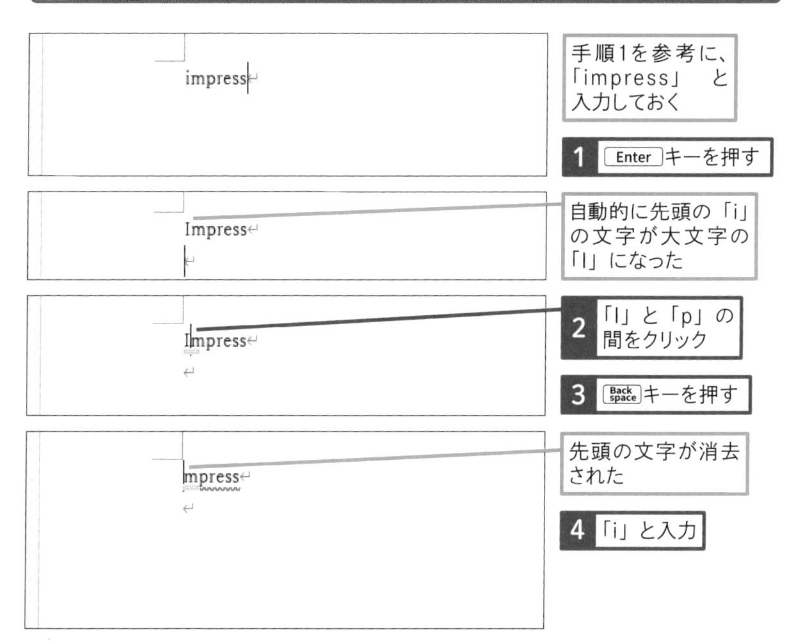

レッスン

12 記号を入力するには

記号の入力　練習用ファイル　なし

日本語や英数字の他にも、文書では（）や○、◆などの記号が使われます。記号の中には、キーボードには表示されていないものもあるので、いろいろな入力方法を覚えておくと便利です。また、特徴的な記号を活用すると、文章のアクセントになります。

1 かっこを入力する

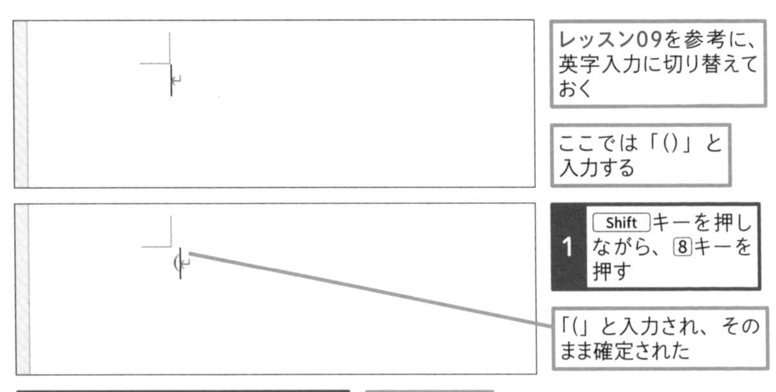

2 続けてShiftキーを押しながら、9キーを押す

「()」と入力される

2 読み方で記号を入力する

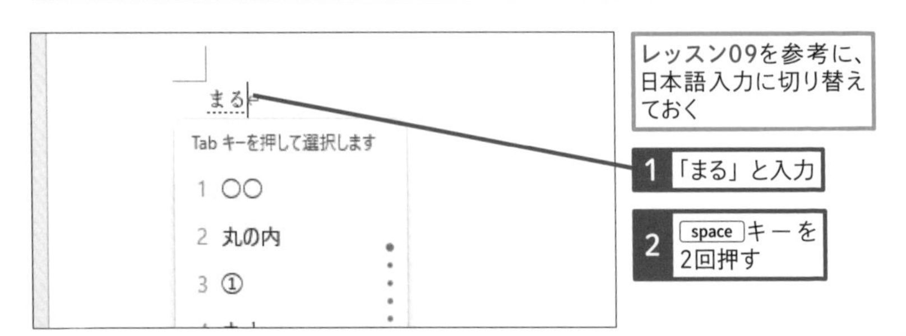

● 変換候補から記号を選択する

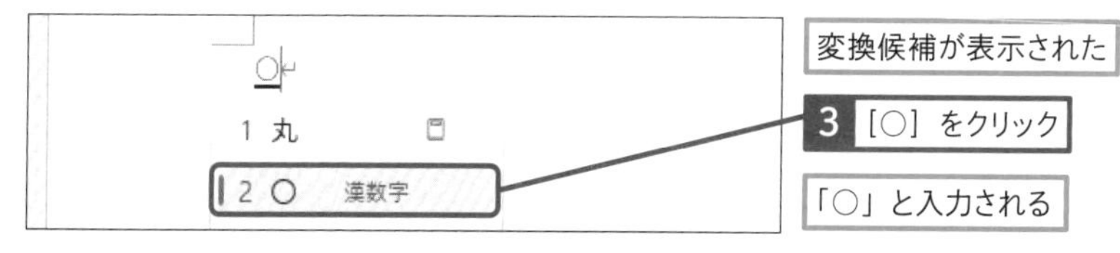

3 特殊な記号を入力する

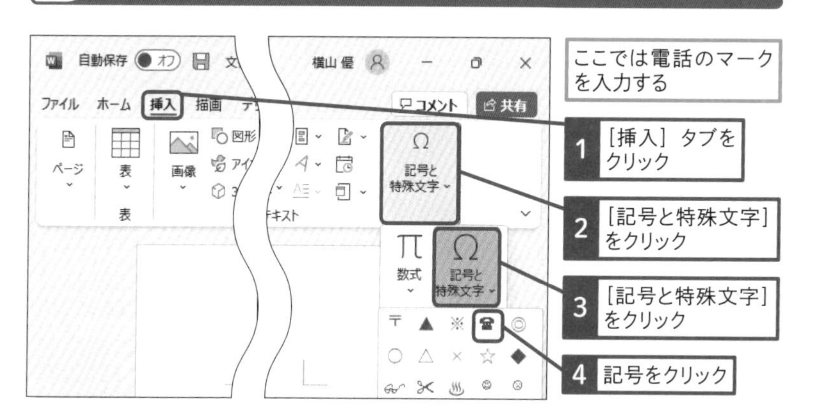

使いこなしのヒント

絵文字も入力できる

[⊞]キー＋[.]（ピリオド）とタイプすると、絵文字を入力する画面が表示されます。ここから、絵文字を選んで、編集画面に入力できます。

使いこなしのヒント

覚えておくと便利な記号の読み仮名

「まる」の他にも、覚えておくと便利な記号の読み仮名があります。

●よく使う記号と読み仮名

記号	読み仮名
々 〃	どう
＝ ≒ ≠	いこーる
◇ ◆	しかく

記号	読み仮名
△ ▲	さんかく
→ ⇒	やじるし

スキルアップ

行の先頭文字を大文字にしないようにするには

半角の英単語の先頭文字が自動的に大文字になってしまうオートコレクトを使いたくないときは、［オートコレクトのオプション］で、設定をオフにします。

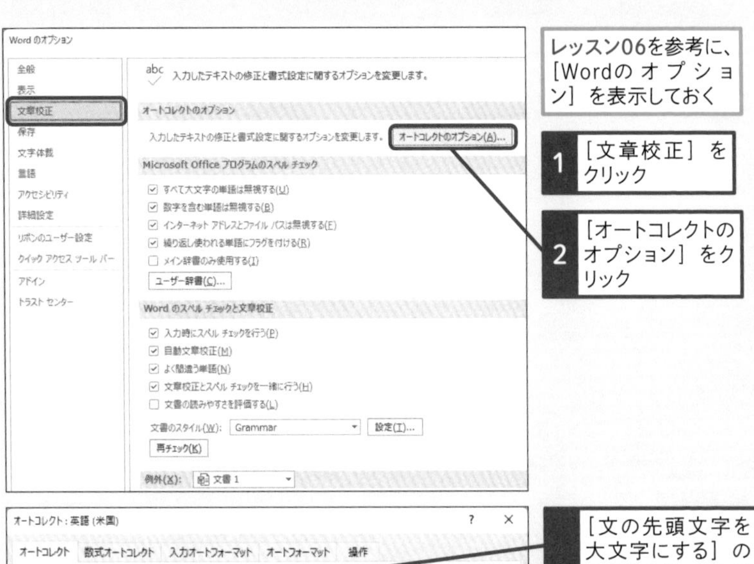

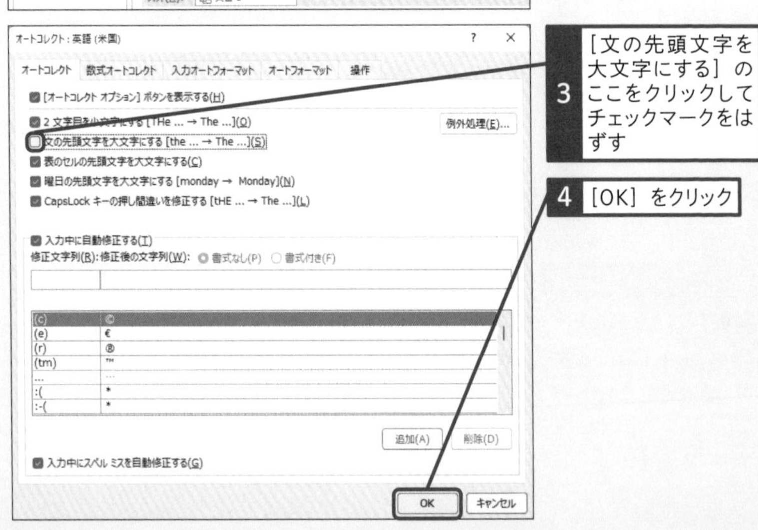

基本編

第3章

見栄えのする文書を作ろう

Wordの装飾機能を活用すると、見栄えのする文書を編集できます。文字の大きさや表示する位置を変えるだけでも、文書の読みやすさは大きく変わります。また、文字だけではなく図形も利用すると、さらに文書で伝える力が向上します。

レッスン

13 文字の大きさを変えるには

フォントサイズ　練習用ファイル　L013_フォントサイズ.docx

Wordでは、文字の大きさを変えて、タイトルや名前などを読みやすくできます。大きな文字は、文書の中で優先的に見てもらえるので、強調したい氏名や単語に利用すると、伝えたい情報の優先度を高められます。

1 文字を拡大する

ここでは「野村幸一様」という文字を拡大する

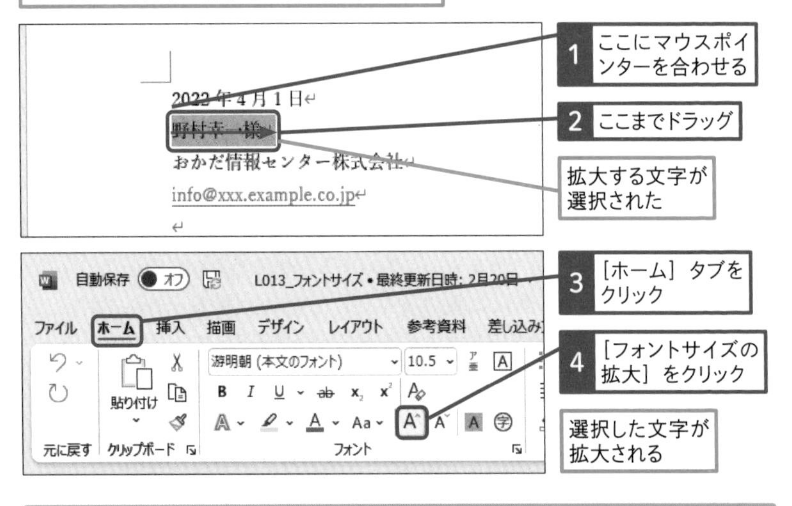

使いこなしのヒント

文字を縮小するには

Wordの文字は、拡大するだけではなく、小さくすることもできます。文字を縮小すると、限られたスペースにより多くの情報を凝縮できます。

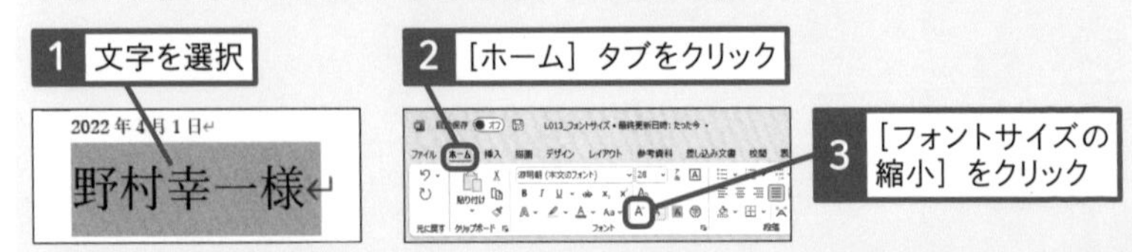

2 文字の大きさを選択する

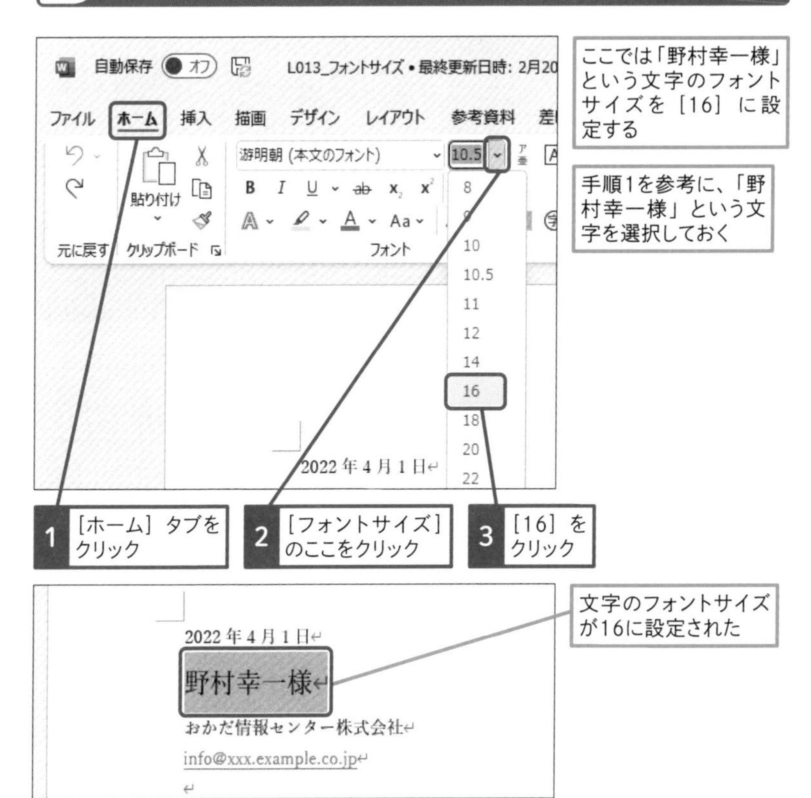

使いこなしのヒント

ミニツールバーを使いこなそう

文字を選択すると、ミニツールバーという小さなリボンのような画面が表示されます。これは、よく使う機能をまとめたショートカットメニューのようなものです。ミニツールバーを使うと、マウスをリボンまで動かさなくても、手早く編集機能を実行できます。

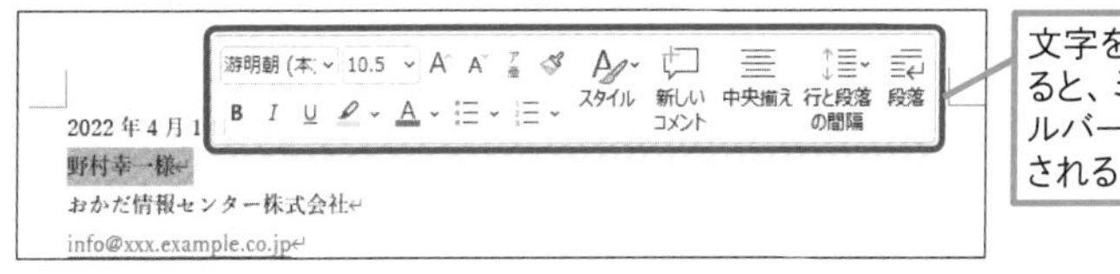

レッスン

14 文字の配置を変えるには

文字の配置　練習用ファイル　L014_文字の配置.docx

ビジネス文書では、宛名は左から表示しますが、自社名などは右側に寄せて記載します。また、タイトルなどは中央に配置します。こうした文字の配置には、Wordの配置機能を利用します。

1 文字を左右中央に配置する

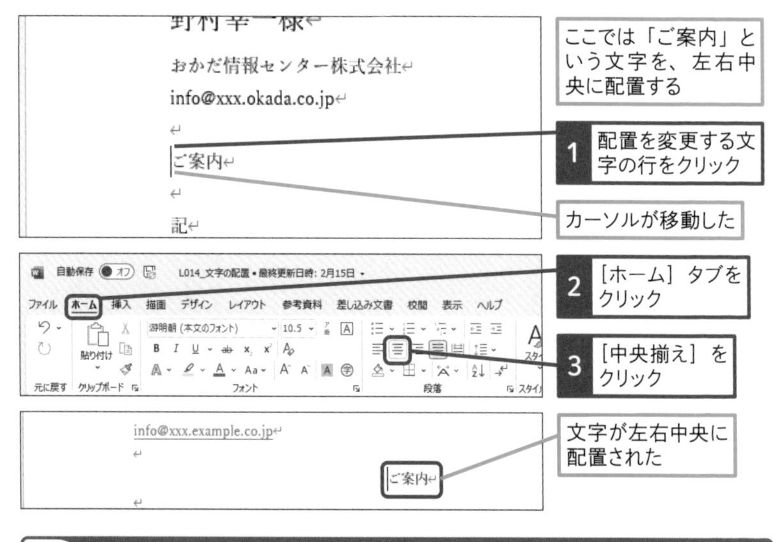

2 文字を行末に配置する

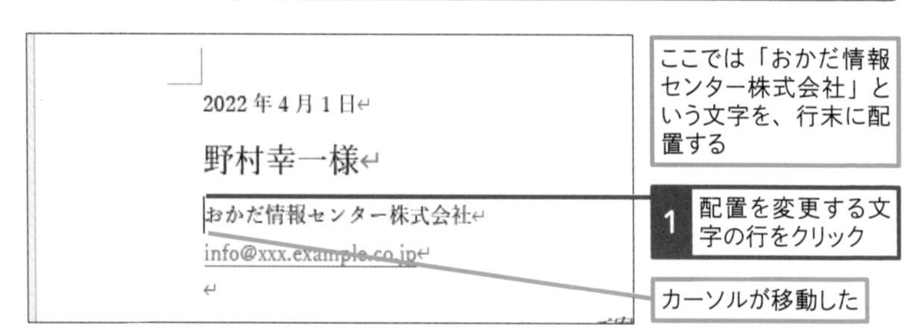

●［右揃え］を実行する

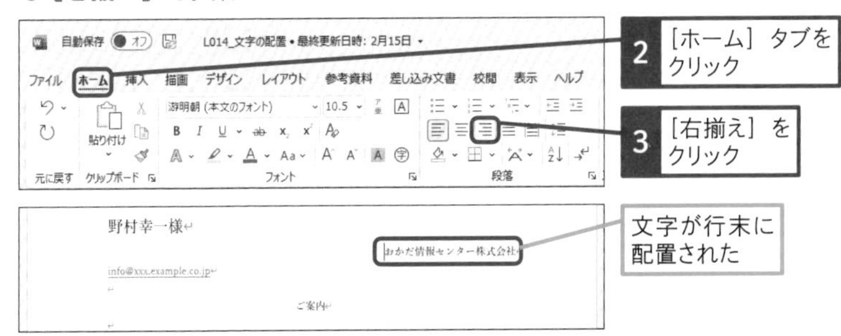

3 文字を行頭に配置する

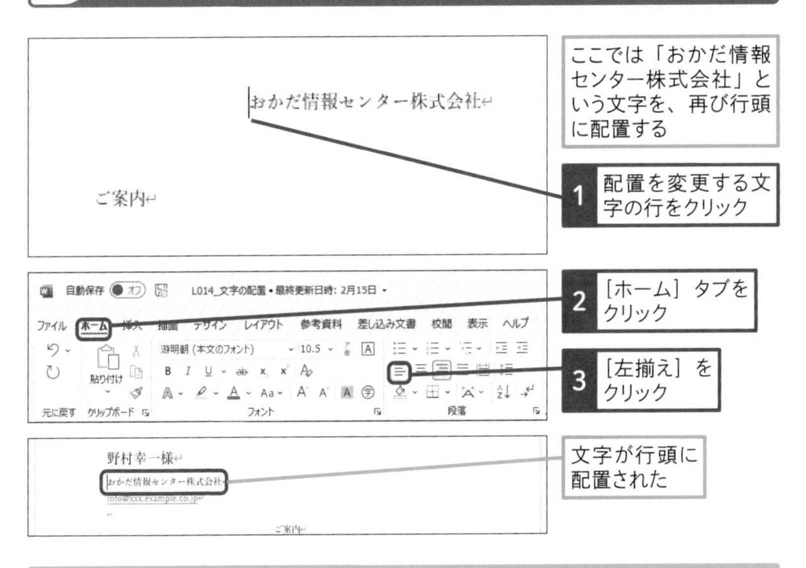

使いこなしのヒント

配置は改行しても継続される

配置を設定した行は、Enterキーで改行すると、同じ設定が次の行に継承されます。もし、次の行の配置を戻したいときには、リボンから［両端揃え］を設定します。

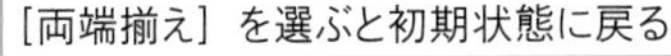

レッスン
15 文字に効果を付けるには

文字の効果　練習用ファイル　手順見出しを参照

文字を太くしたり下線を付けたりすると、その単語や文章は、より目立つようになります。文書の中でも、特に強調したい箇所には、太字や下線などの装飾を使って、さらにメリハリをつけてみましょう。

1 文字を太くする　L015_文字の効果_01.docx

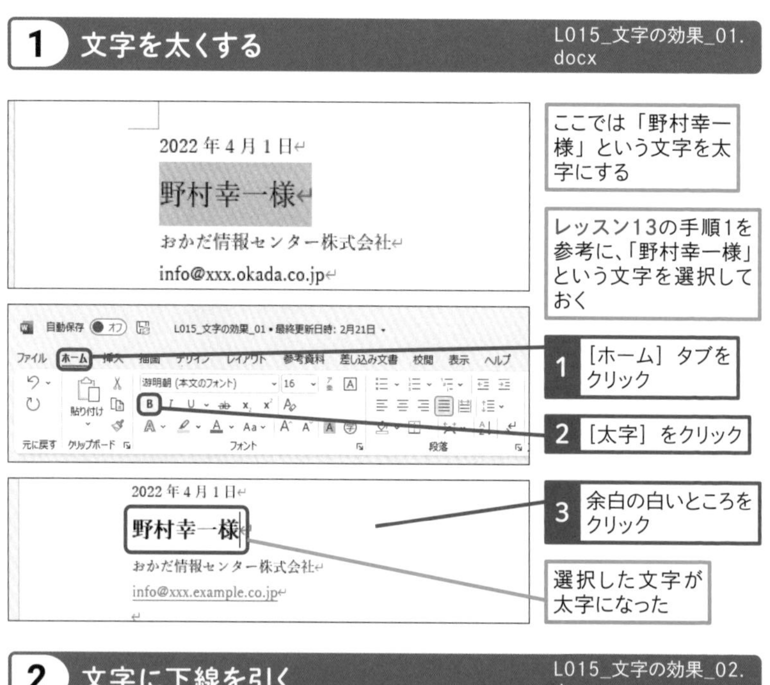

2 文字に下線を引く　L015_文字の効果_02.docx

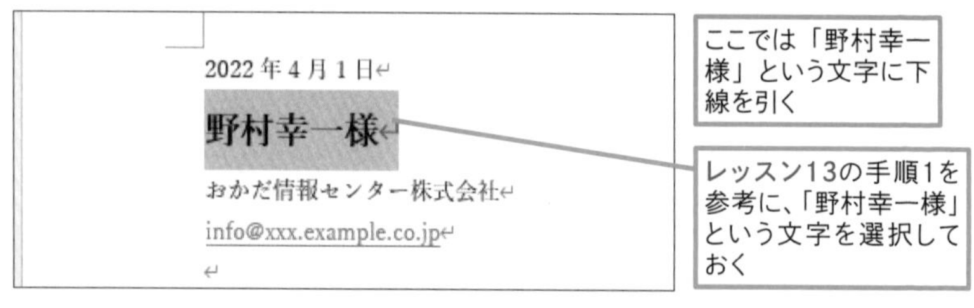

●［下線］を実行する

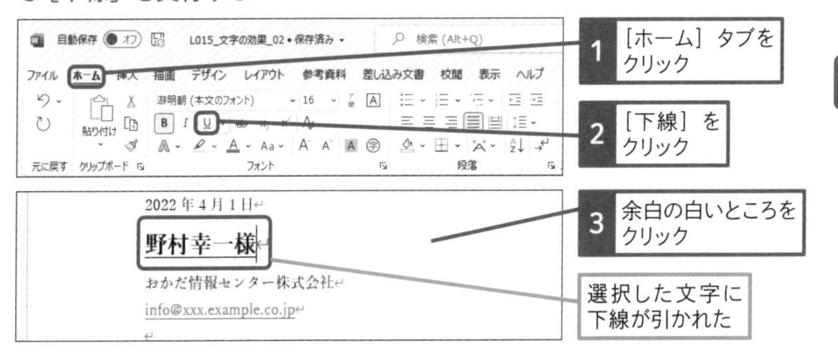

3 文字を斜体にする

L015_文字の効果_03.docx

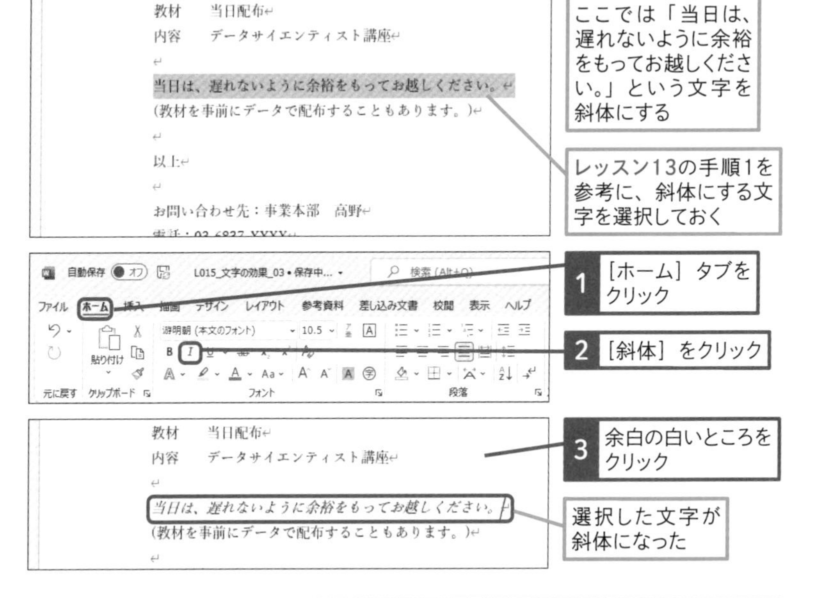

使いこなしのヒント

下線の色と種類は選択できる

下線を付けるアイコンの横にある⌄をクリックすると、二重線や波線などの種類を選べます。また、［下線の色］にマウスを合わせると、色も選べます。線種と色を変えると、さらに目立つ装飾になります。

レッスン

16 文字の種類を変えるには

フォント　練習用ファイル　手順見出しを参照

フォントとは文字の種類です。標準的なWordの設定では、游明朝（ゆうみんちょう）という種類のフォントを使っています。このフォントの種類を変えることで、文書の印象は大きく変わります。Wordでは、Windowsに登録されているフォントを利用できます。

フォントとは

Wordで利用できるフォントの種類は、リボンから［フォント］を開いて確認します。日本語で利用できるフォントは、ゴシックや明朝と書体などの日本語を組み合わせて表示されています。

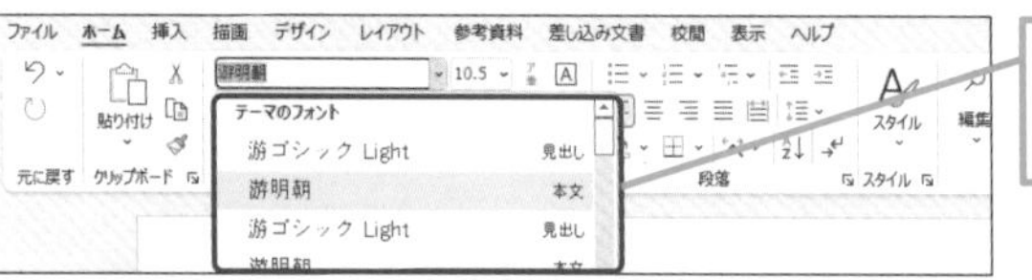

1 フォントの種類を変更する

L016_フォント_01.docx

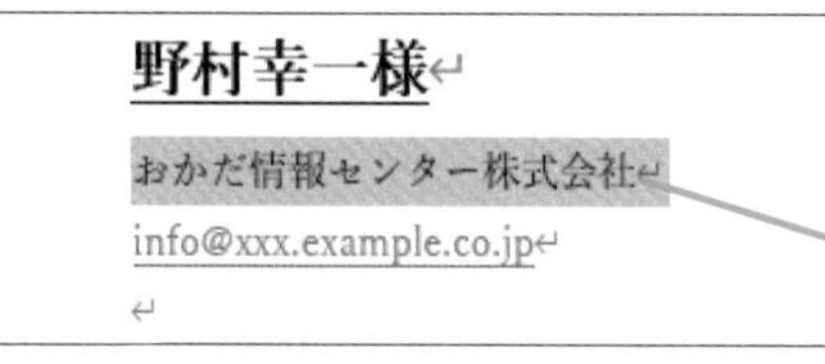

● フォントを変更する

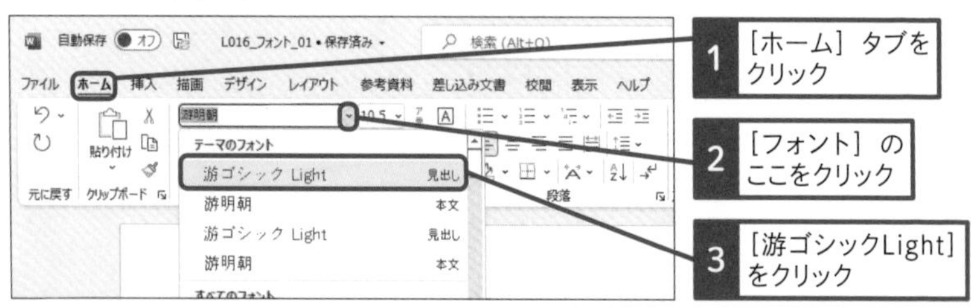

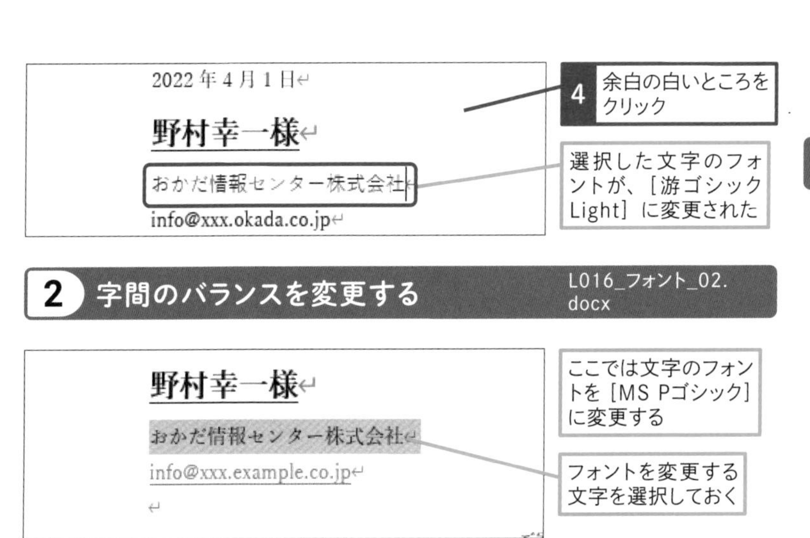

2 字間のバランスを変更する

L016_フォント_02.docx

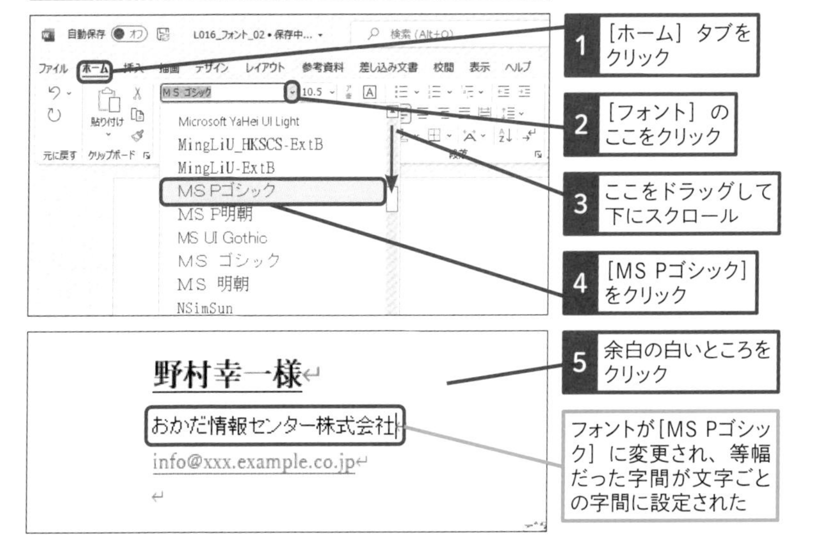

使いこなしのヒント

明朝体とゴシック体とは

明朝体は新聞や書籍などの印刷で利用される標準的な日本語の書体です。毛筆の楷書体を模したデザインになっています。ゴシック体は、見出しなど強調したい文字のためにデザインされた書体です。その特徴は、楷書体のような筆遣いを感じさせないシンプルなデザインにあります。

レッスン

17 箇条書きを設定するには

箇条書き　練習用ファイル　L017_箇条書き.docx

複数の情報を整理して伝えたいときには、箇条書きを使うと便利です。Wordでは、複数の行にわたって箇条書きをまとめて設定できます。箇条書きでは、記号の他に連続した番号も表示できます。

1 箇条書きを設定する

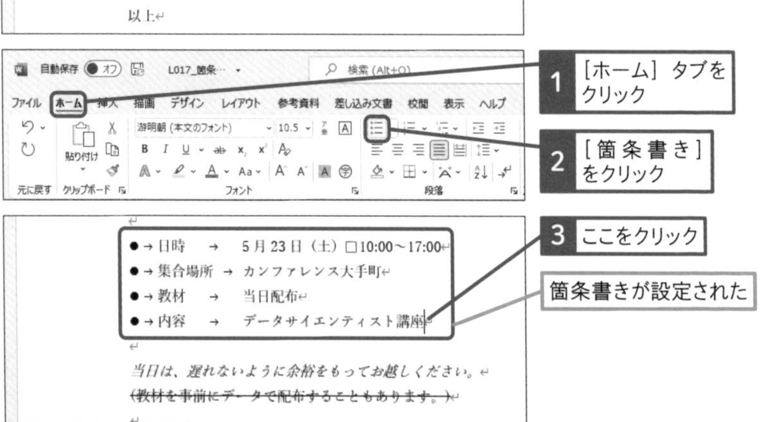

使いこなしのヒント

箇条書きの行頭文字を変えるには

箇条書きで表示される行頭文字の「●」を他の記号に変えたいときは、箇条書きアイコンの⌄をクリックして、［行頭文字ライブラリ］から、変更したい記号を選びます。また、［新しい行頭文字の定義］を使うと、任意の記号を登録できます。

2 続けて入力できるようにする

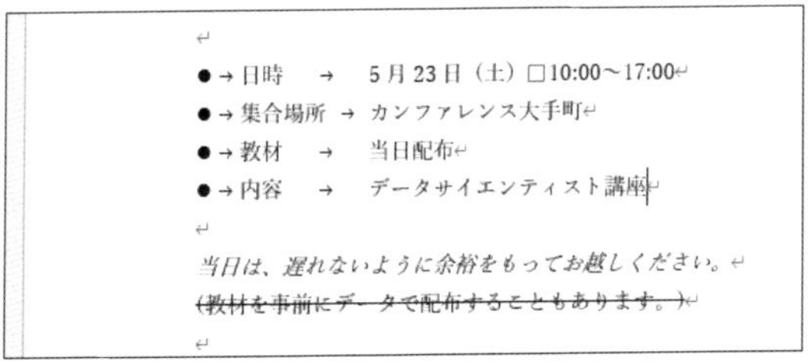

●→日時　→　5月23日（土）□10:00～17:00
●→集合場所　→　カンファレンス大手町
●→教材　→　当日配布
●→内容　→　データサイエンティスト講座

当日は、遅れないように余裕をもってお越しください。
~~（教材を事前にデータで配布することもあります。）~~

箇条書きを設定したばかりの状態になっている

1 Enter キーを押す

●→日時　→　5月23日（土）□10:00～17:00
●→集合場所　→　カンファレンス大手町
●→教材　→　当日配布
●→内容　→　データサイエンティスト講座
●→

当日は、遅れないように余裕をもってお越しください。
~~（教材を事前にデータで配布することもあります。）~~

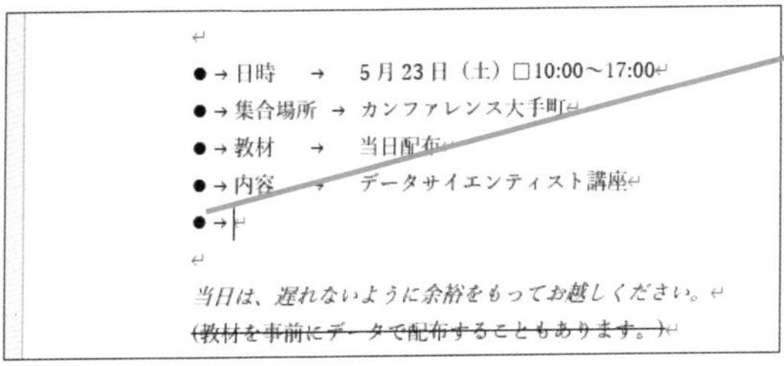

箇条書きが設定されたままになっている

2 もう一度 Enter キーを押す

●→日時　→　5月23日（土）□10:00～17:00
●→集合場所　→　カンファレンス大手町
●→教材　→　当日配布
●→内容　→　データサイエンティスト講座

当日は、遅れないように余裕をもってお越しください。
~~（教材を事前にデータで配布することもあります。）~~

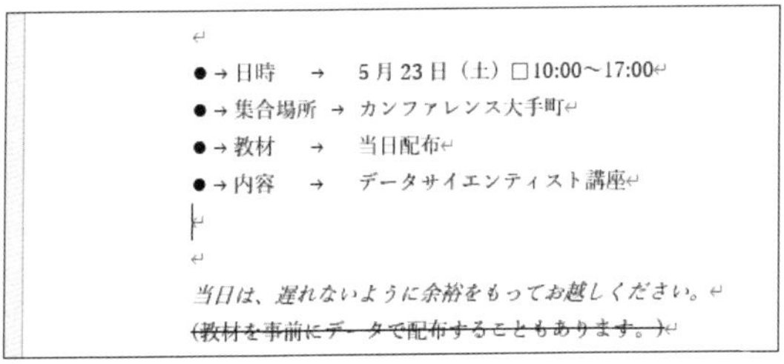

箇条書きが解除された

3 Back space キーを押す

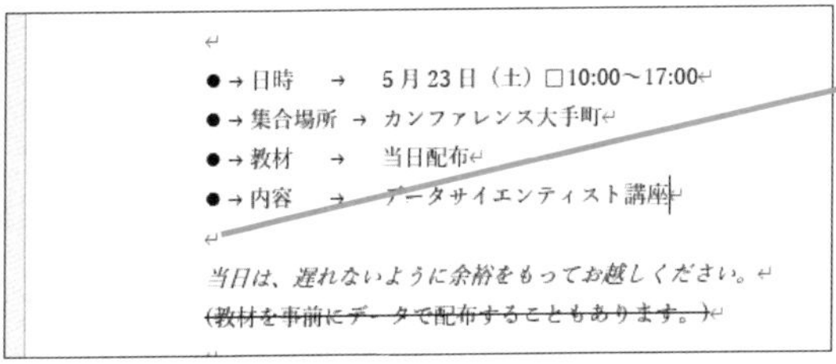

●→日時　→　5月23日（土）□10:00～17:00
●→集合場所　→　カンファレンス大手町
●→教材　→　当日配布
●→内容　→　データサイエンティスト講座

当日は、遅れないように余裕をもってお越しください。
~~（教材を事前にデータで配布することもあります。）~~

箇条書きが解除され、通常の文字が入力できるようになった

使いこなしのヒント

段落番号とは

段落番号を使うと、箇条書きの行頭に連続した数字を表示できます。段落番号も、箇条書きと同じように、をクリックすると、番号ライブラリから、数字以外の連続文字が選べます。

レッスン
18 段落を字下げするには

インデント　練習用ファイル　L018_インデント.docx

文章の中には、左右や中央に配置するのではなく、少しだけ右に寄せて表示したい、という内容もあります。そういうときに、インデントという段落単位での字下げを使います。

1 インデントの起点を確認する

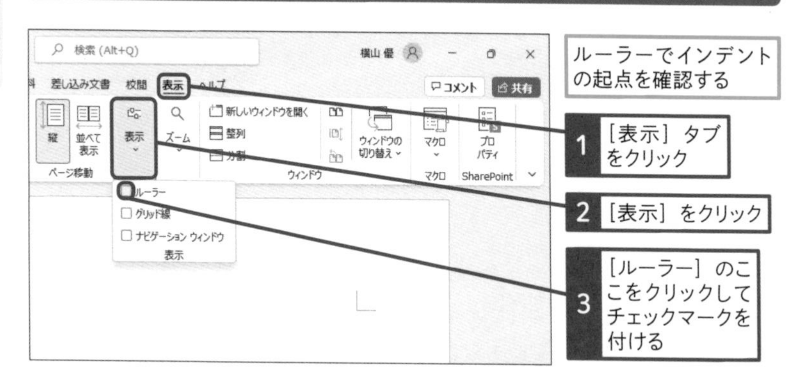

2 段落を字下げする

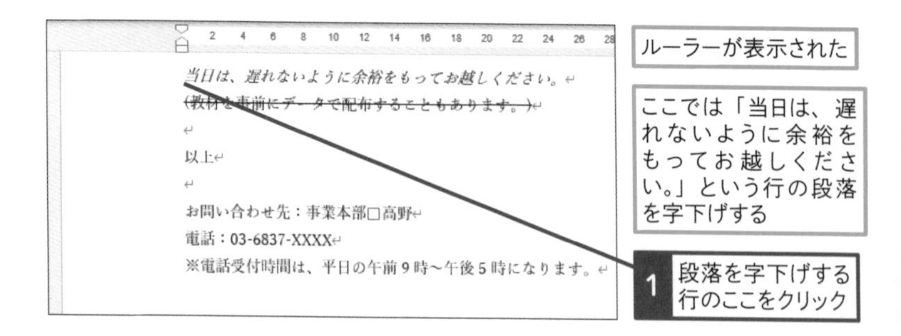

● 段落の字下げを続ける

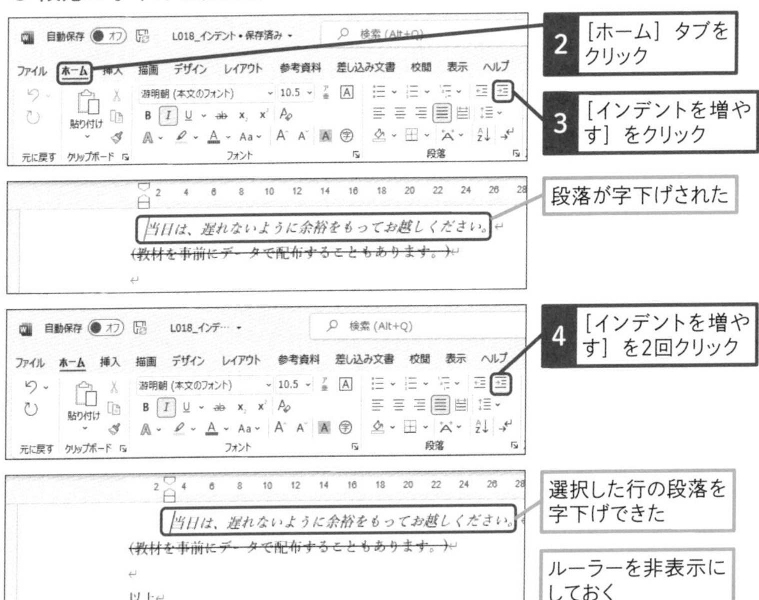

3 段落の字下げを解除する

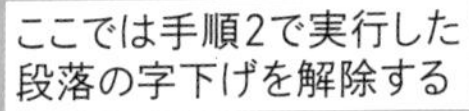

段落の字下げを解除する行をクリックしておく

1 [ホーム] タブをクリック

2 [インデントを減らす] をクリック

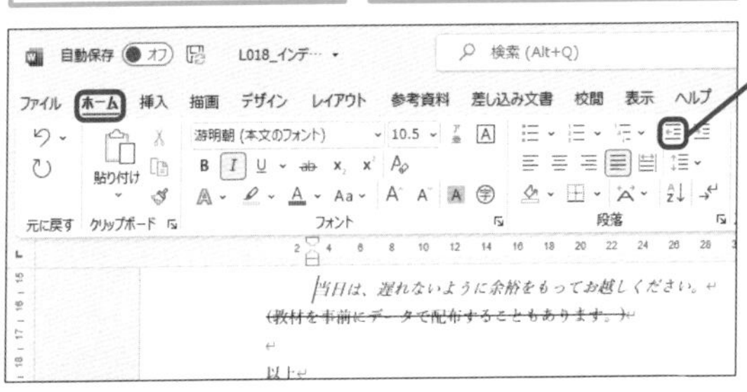

クリックした回数分だけ、段落の字下げが解除される

使いこなしのヒント

段落の字下げを改行で解除するには

設定されたインデントは、改行しても継承されます。解除したいときには、Back space キーを押します。

レッスン

19 書式をまとめて設定するには

スタイル　練習用ファイル　L019_スタイル.docx

スタイルは複数の装飾をまとめて設定できる機能です。あらかじめ用意されているスタイルを選ぶだけで、見出しや表題などに適した装飾の組み合わせが、一度の操作で設定できます。

1 文字の書式を変更する

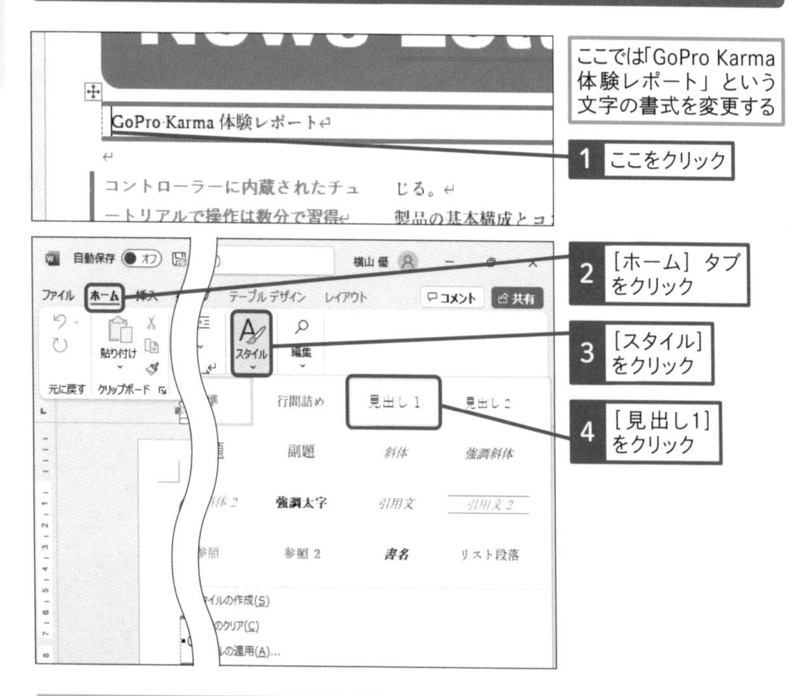

使いこなしのヒント

設定したスタイルを戻すには

見出しや表題などに設定したスタイルを元に戻すには、スタイルから［標準］に設定します。また、レッスンのように装飾されていた文字列に他のスタイルを設定したときには、その直後であれば元に戻すボタンで、元に戻せます。

● スタイルが適用された

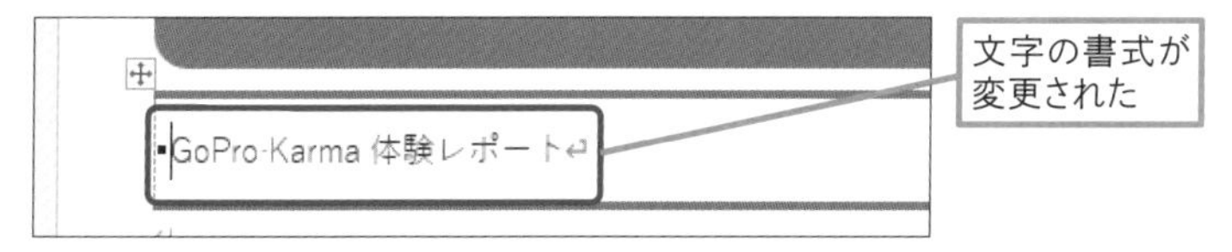

2 文字の書式を元に戻す

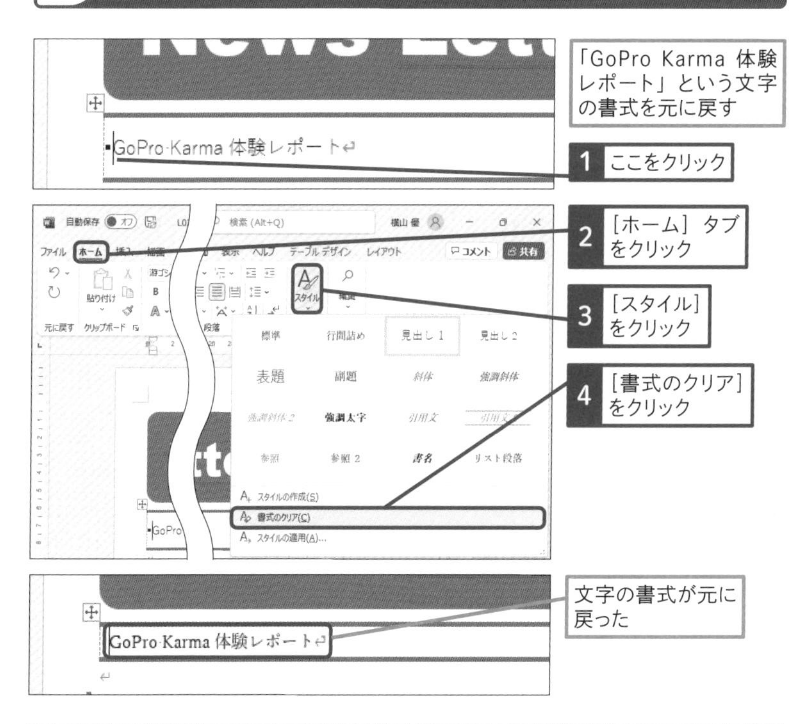

使いこなしのヒント

登録されているスタイルの内容を確認するには

スタイル名をマウスで右クリックして、ショートカットメニューから［変更］を選ぶと、そのスタイル名に設定されている装飾の内容が確認できます。

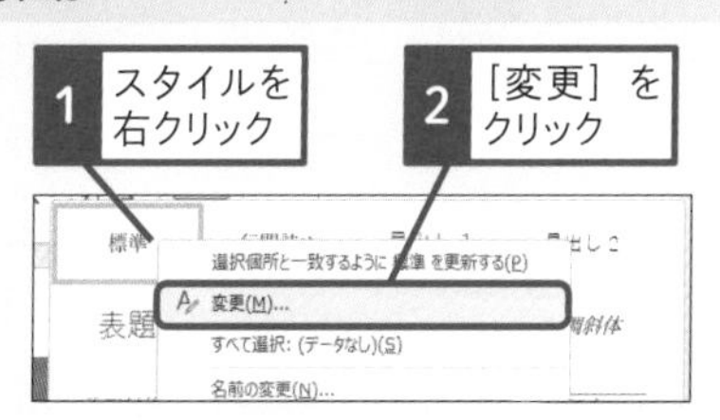

スキルアップ

「ルーラー」を使って任意の字下げを行う

インデントの起点と設定された字下げの位置は、すべてルーラーに表示されます。ルーラーは、インデントの確認だけではなく、設定にも利用できます。ルーラーにある⌂をマウスでドラッグすると、任意の位置にインデントを設定できます。詳しくは、レッスン44で紹介します。

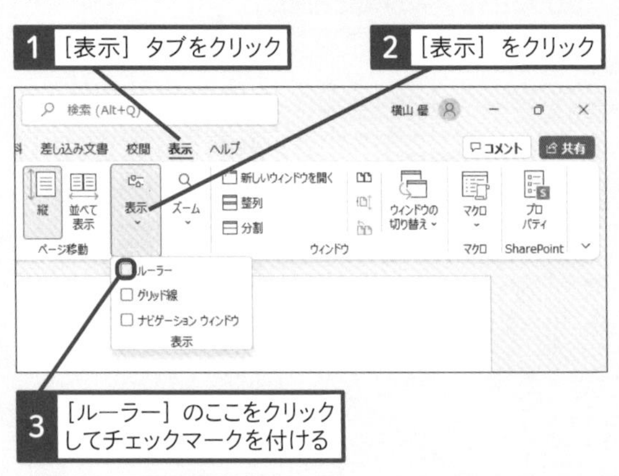

字下げする文字を選択しておく

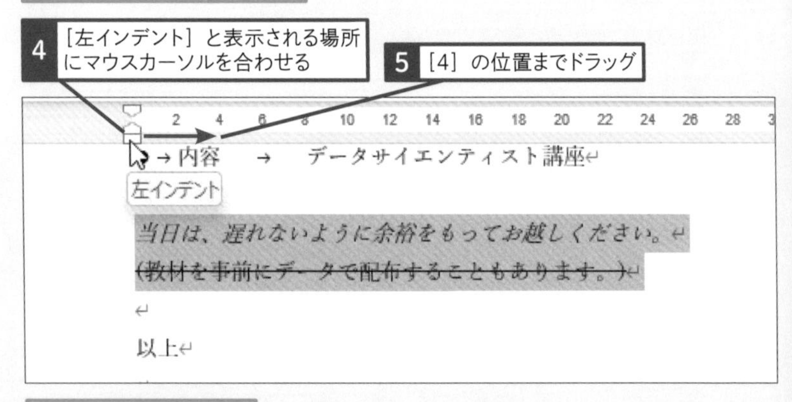

段落が4文字下げられた

基本編

第4章

文章を修正しよう

編集画面に入力されている文章は、後から自由に修正できます。すでに完成した文書であれば、宛名や日付などを修正するだけで、別の文書として再利用できます。また、検索と置換を使うと、一度にまとめて特定の語句を修正できるので便利です。

レッスン

20 図形を挿入するには

図形の挿入　練習用ファイル　L020_図形の挿入.docx

図形には、文字よりも視覚的に情報を伝える力があります。文章の中に図形を効果的に挿入すると、注目度を高めたり、文章よりも端的に伝えたい内容を表現したりできます。図形と文章のレイアウトを工夫して、表現力に富んだ文書を作りましょう。

1 図形を挿入する

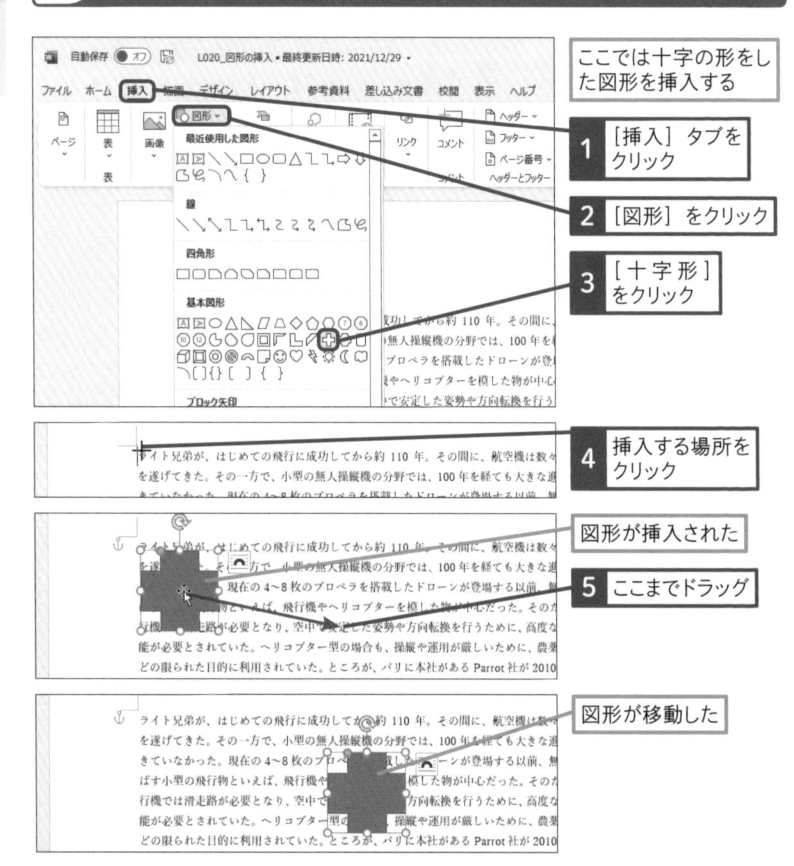

2 図形の色を変更する

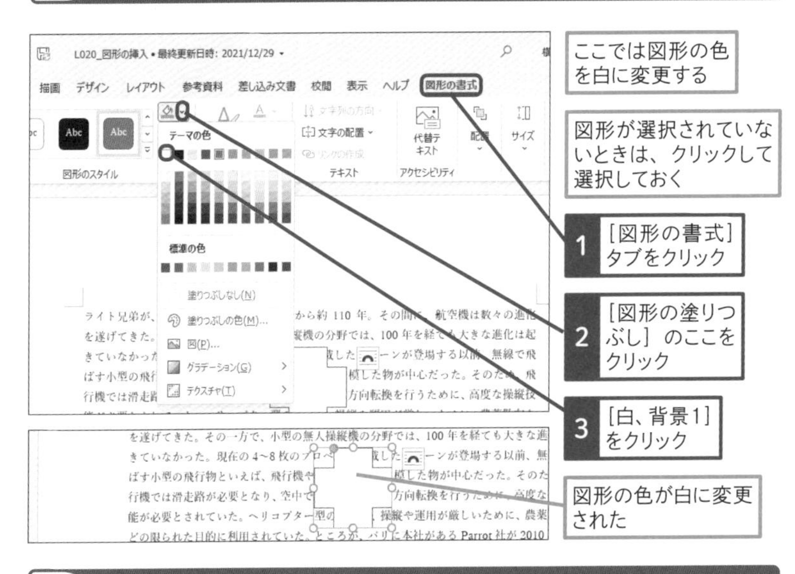

3 図形の枠線を変更する

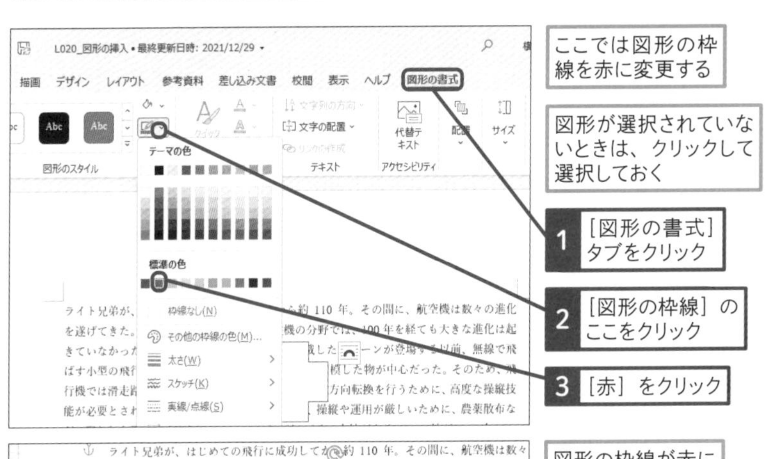

次のページに続く➡

4 文字が回り込むように図形を配置する

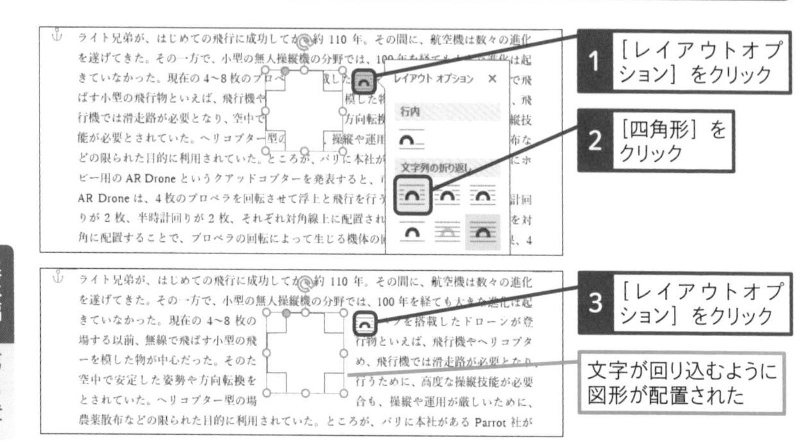

5 文字が避けるように図形を配置する

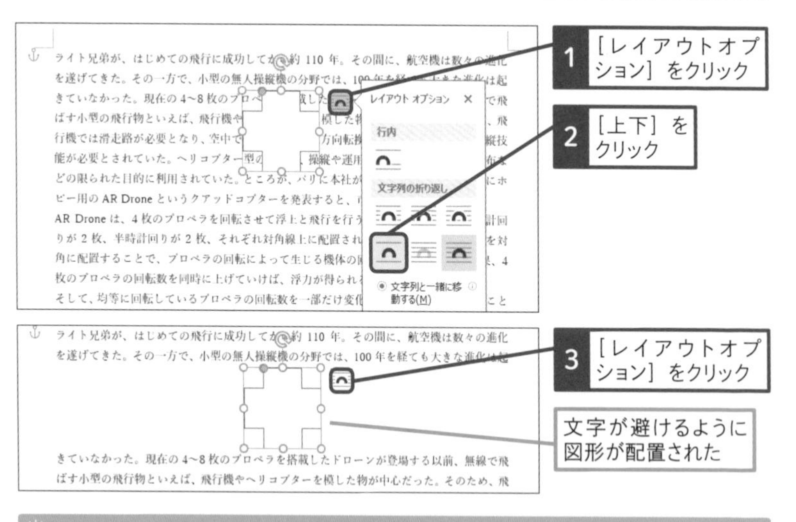

使いこなしのヒント

図形を回転させるには

図形を回転させるには、ハンドルの上部に表示されている◎をマウスでドラッグします。

6 行内に図形を配置する

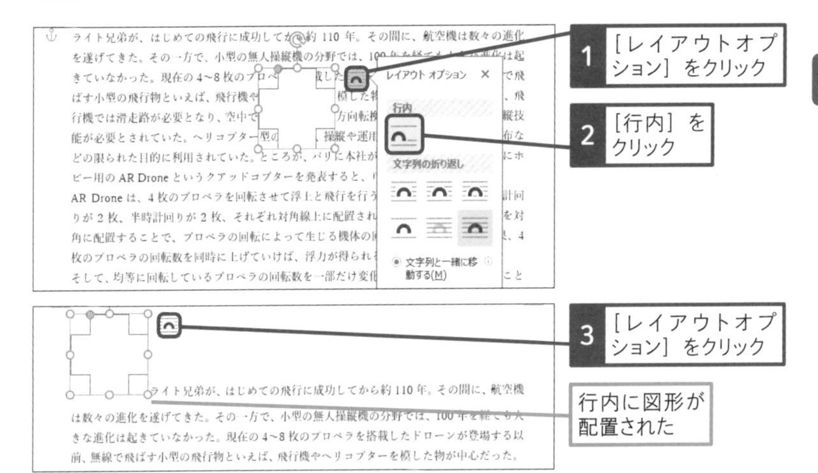

7 文字の後ろに図形を配置する

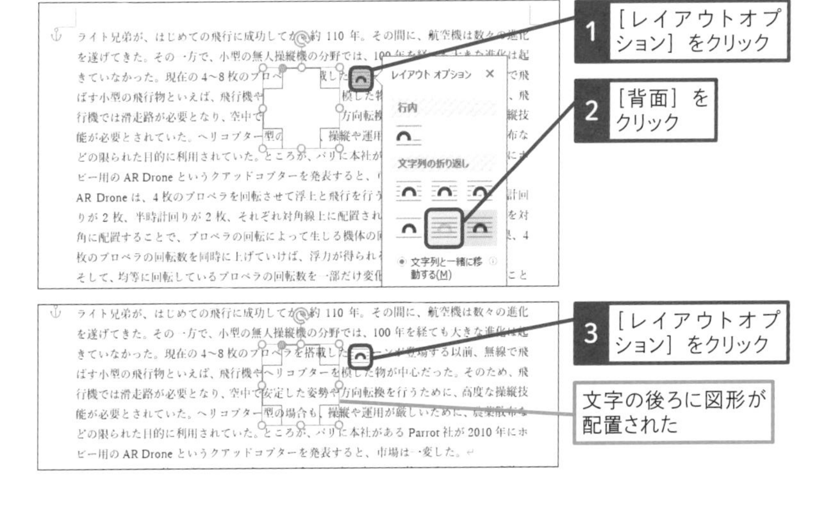

レッスン

21 同じ文字を挿入するには

さまざまな貼り付け方法　練習用ファイル　L021_貼り付け方法.docx

すでに入力した単語や文章などを流用したいときは、コピーと貼り付けを使います。コピーと貼り付けは、Windowsのアプリに共通した編集機能ですが、Wordでは貼り付けるときに書式を継承したり無視したりして、編集作業を効率化できます。

1 文字列をほかの場所に貼り付ける

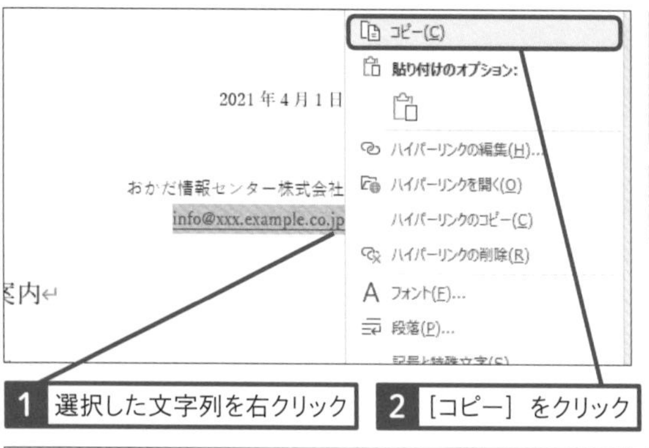

ここでは「info@xxx.example.co.jp」という文字列をコピーして、他の場所に貼り付ける

「info@xxx.example.co.jp」を選択しておく

1 選択した文字列を右クリック

2 ［コピー］をクリック

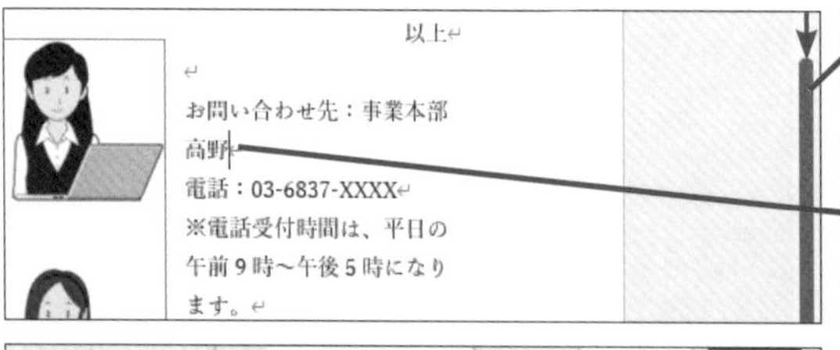

3 ここをドラッグして下にスクロール

4 「高野」の右をクリック

5 Enter キーを押す

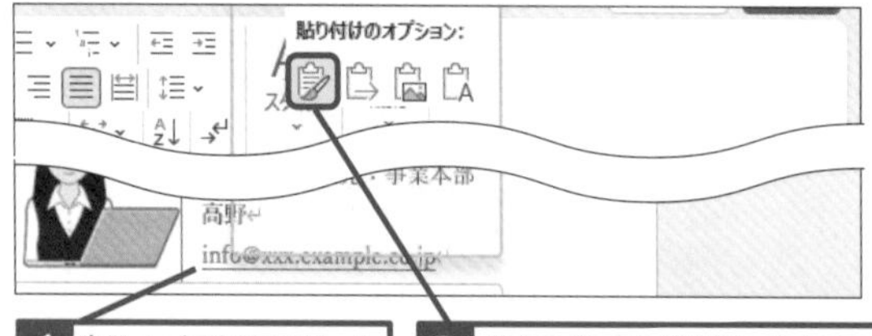

6 新しい行を右クリック

7 ［元の書式を保持］をクリック

● コピーした文字が貼り付けられた

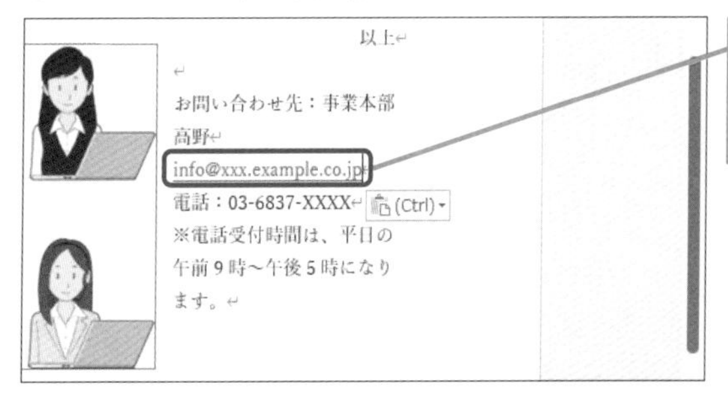

2 書式をクリアして貼り付ける

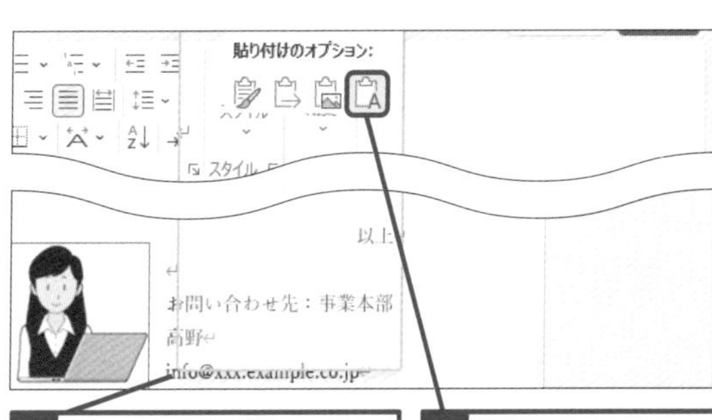

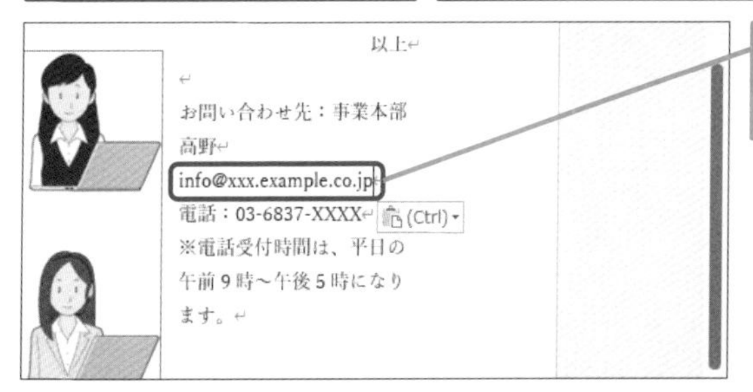

使いこなしのヒント

貼り付けのオプションの「図」とは

コピーされた内容が、文字ではなく図形のようなデータのときには、貼り付けオプションに「図」というアイコンが表示されます。文字を貼り付けたいのに「図」が表示されているときには、文字をコピーし直しましょう。

レッスン
22 文書の一部を修正するには

文字の修正、書式変更、上書き入力　練習用ファイル　L022_文字の修正.docx

すでに入力した文字は、その書式を継承したまま内容を修正できます。Wordの編集画面では、常に入力した文字が新規に挿入される「挿入モード」になっているので、修正するときには先に修正したい文字を選択してから、新しい文字を入力します。

1 書式を保ったまま文字の一部を修正する

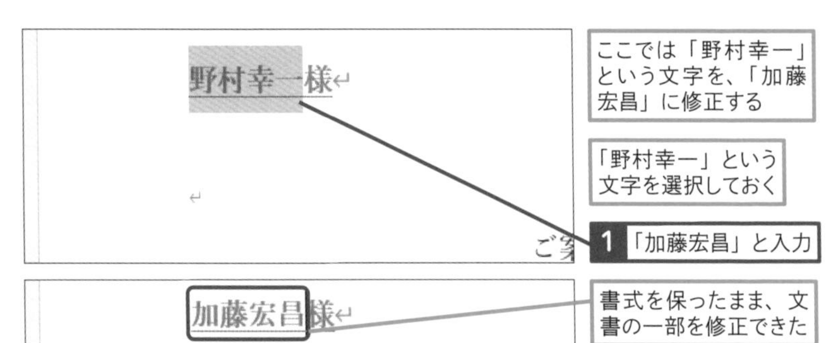

2 書式を変更して書き直す

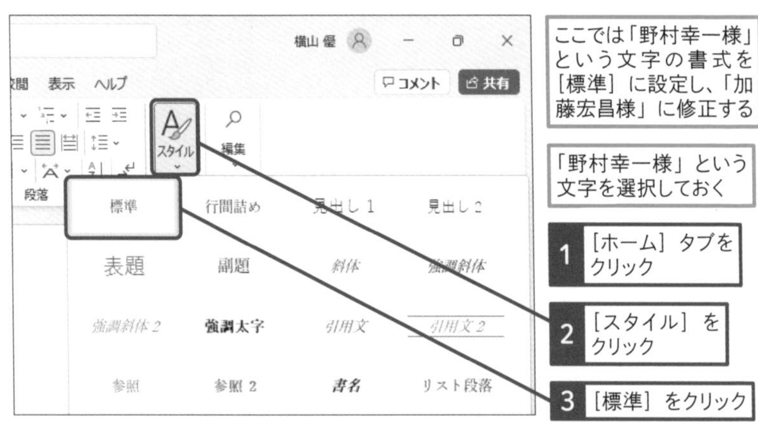

● 文字を修正する

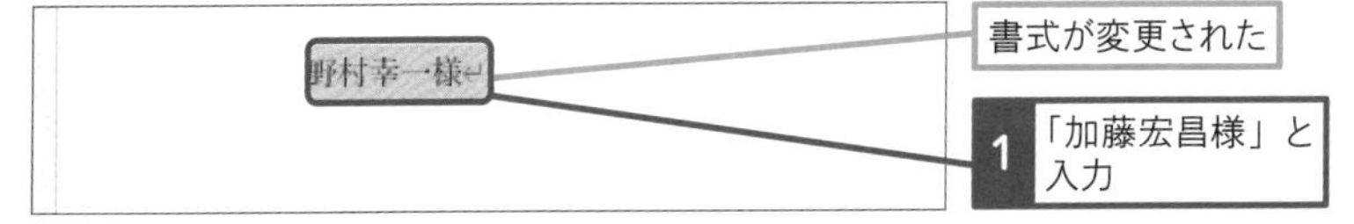

3 上書きモードで文字を修正する

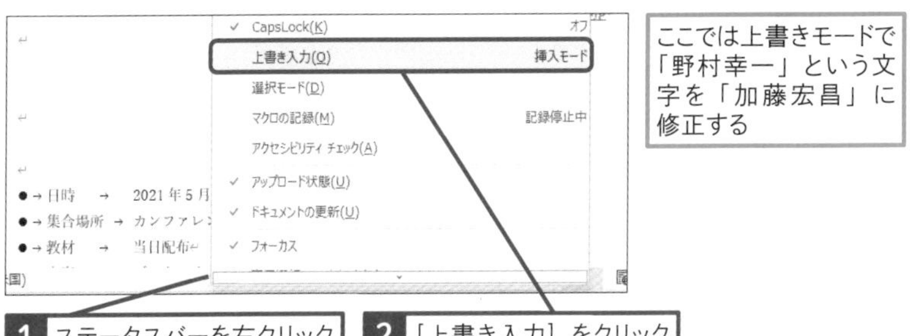

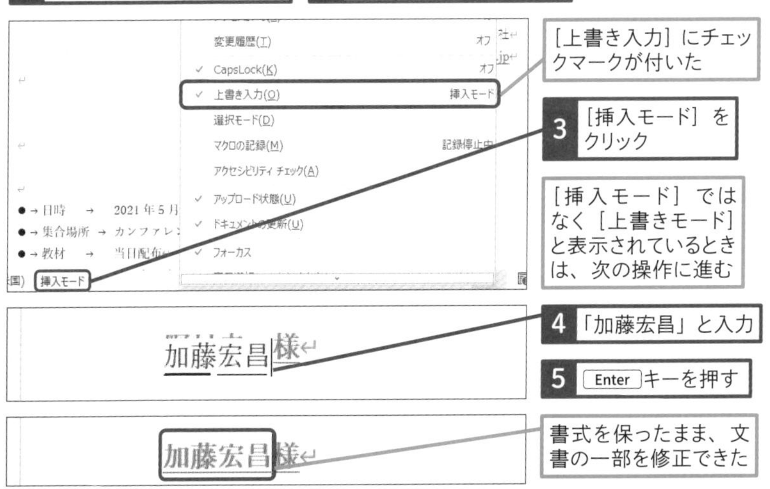

時短ワザ

Insert キーを押しても上書きモードにできる

「挿入モード」を解除して、入力した文字が既存の文章を置き換える「上書きモード」に切り替えたいときには、キーボードの Insert キーを押します。再び Insert キーを押すと、「挿入モード」に戻ります。

レッスン
23 特定の語句をまとめて修正しよう

置換　練習用ファイル　L023_置換.docx

Wordの置換を活用すると、効率よく正確に文書を修正できます。置換では、検索する語句を指定すると、発見された語句を新しい語句に置き換えられます。また、特定の語句を探すときには、置換ではなく検索を使うと便利です。

1 語句を1つずつ置き換える

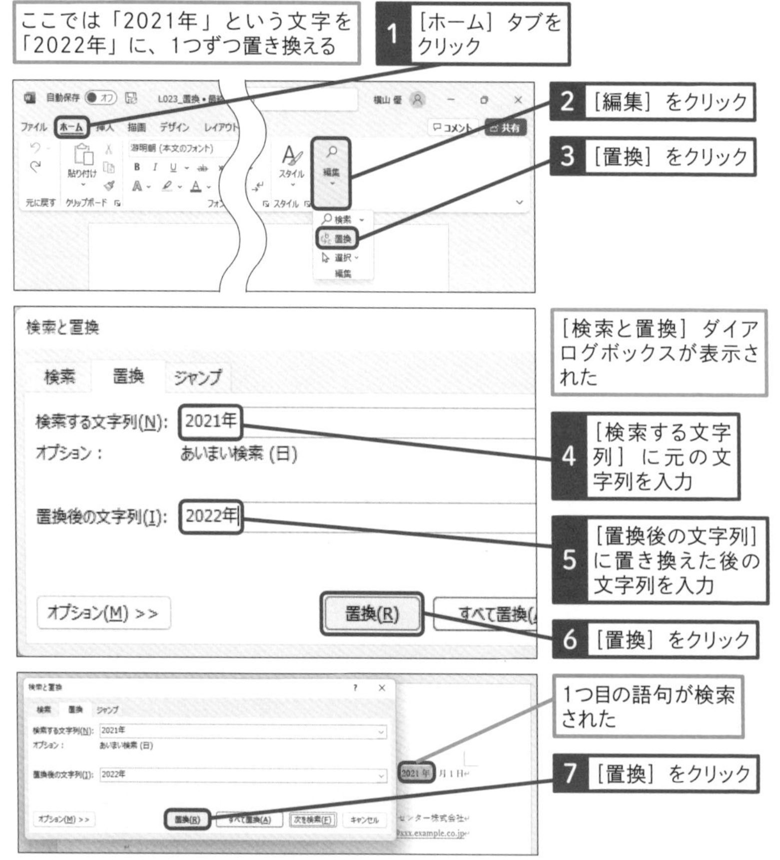

● 文字の置換を続ける

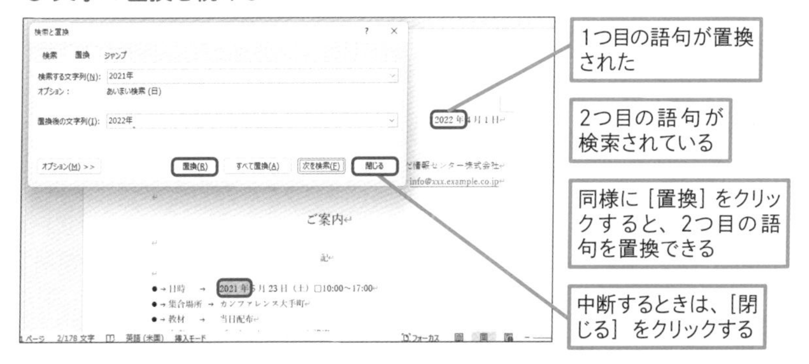

2 語句をまとめて置き換える

ここでは「2021年」という文字を、まとめて「2022年」に置き換える

手順1を参考に［検索と置換］ダイアログボックスを表示しておく

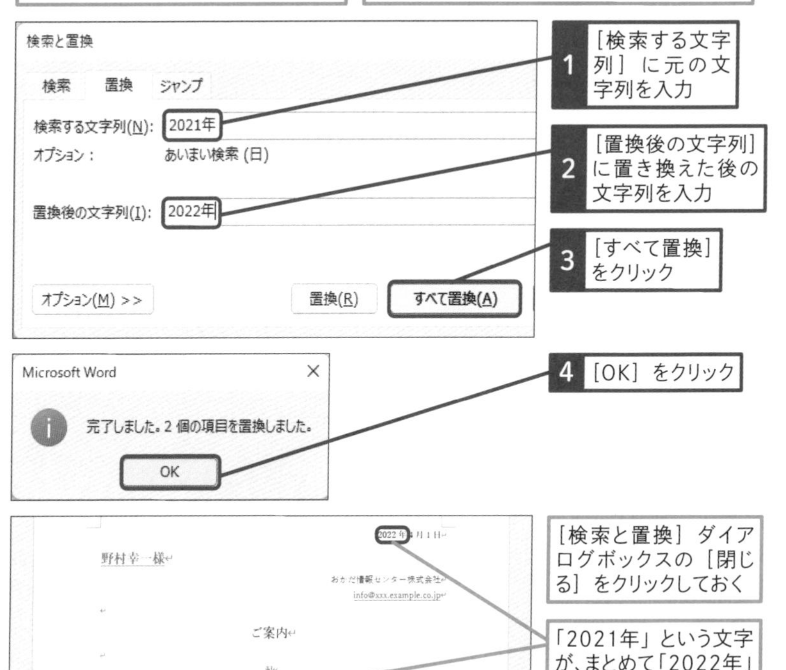

スキルアップ

文字列の折り返しのレイアウトオプションを理解しよう

レッスン20では挿入した図形に［レイアウトオプション］によって文章との表示方法を調整しています。文書のレイアウトを考えるときには、どのくらい図形に注目してもらいたいのか、文章を中心に読んでもらいたいのか、という文書の目的に合わせて決めるようにしましょう。

●［内部］とは

［内部］を選ぶと、図形の形に合わせて文字が避けて表示されます。

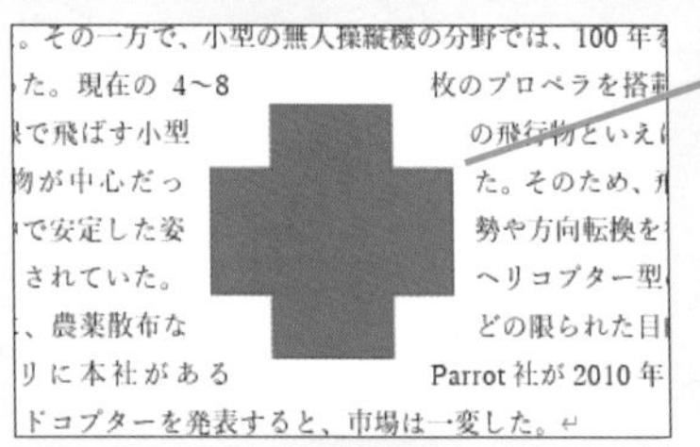

［内部］を選択すると、図形の形に合わせて、文字が避けて表示される

●［上下］と［行内］の違い

［上下］では、文字が図形の上下にレイアウトされます。また、［行内］では、図形が大きな文字のように、文章の行に含まれるように表示されます。［上下］と［行内］の違いは、図形のある位置に、文字列が表示されているか否かで判断できます。

図形を配置すると、基準位置を表すマークが表示される

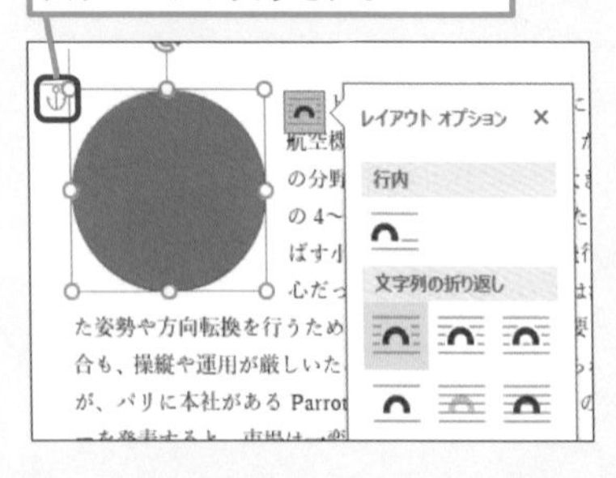

［行内］に設定すると、図形の基準位置を表すマークが消える

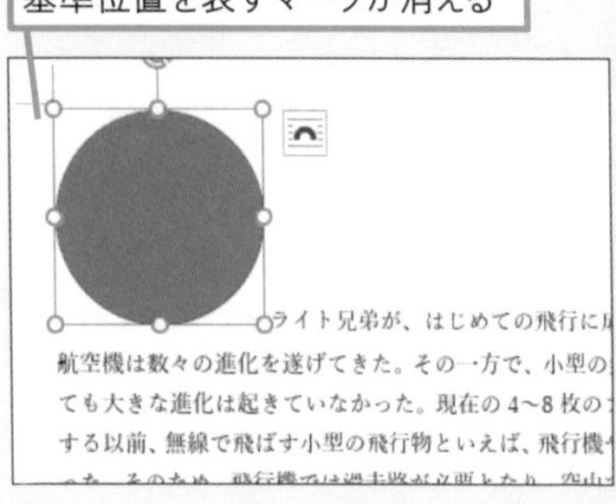

基本編

第5章

文書に表を挿入しよう

ビジネスで使われる文書の多くは、項目と数字を整理するために表を使います。Wordの表の編集方法を覚えると、計算書や集計表などを手早く作れるようになります。Wordの表は、編集画面の好きなところに挿入できるので、文章と表を組み合わせた文書をきれいにレイアウトできます。

レッスン
24 行と列を指定して表を挿入するには

表の挿入　練習用ファイル　L024_表の挿入.docx

Wordの編集画面には、Excelのような罫線で仕切られた表を挿入できます。表を使うと、見積書や請求書のような書類から、名簿や一覧表といった表形式の文書まで見やすく手早く作れるようになります。マウスのドラッグ操作で表を挿入してみましょう。

1 セルの数を決めて表を作成する

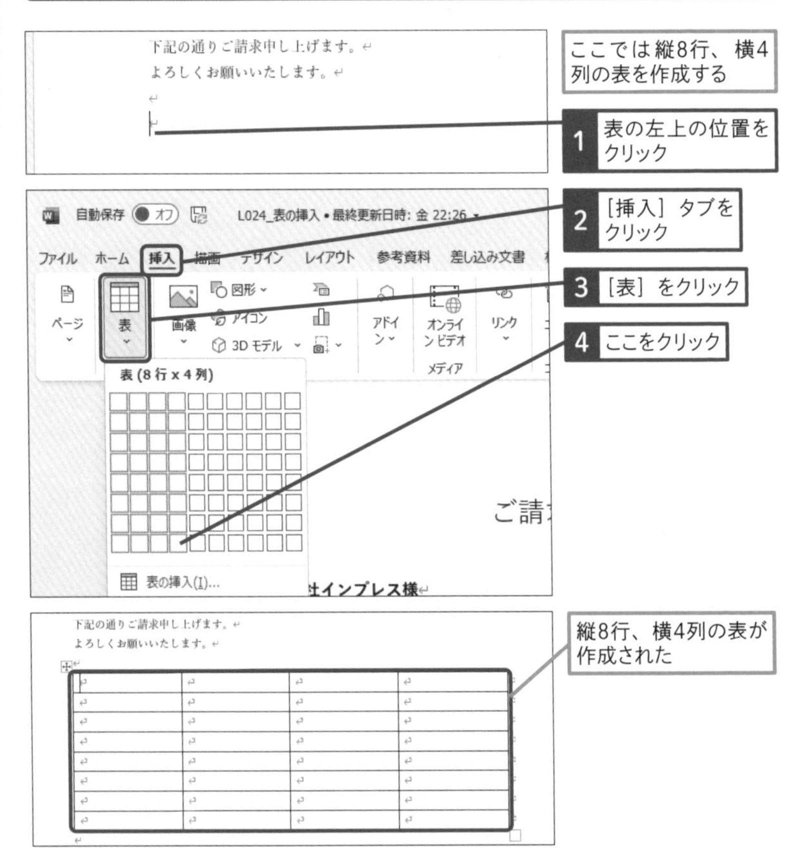

2 罫線を引いて表を作成する

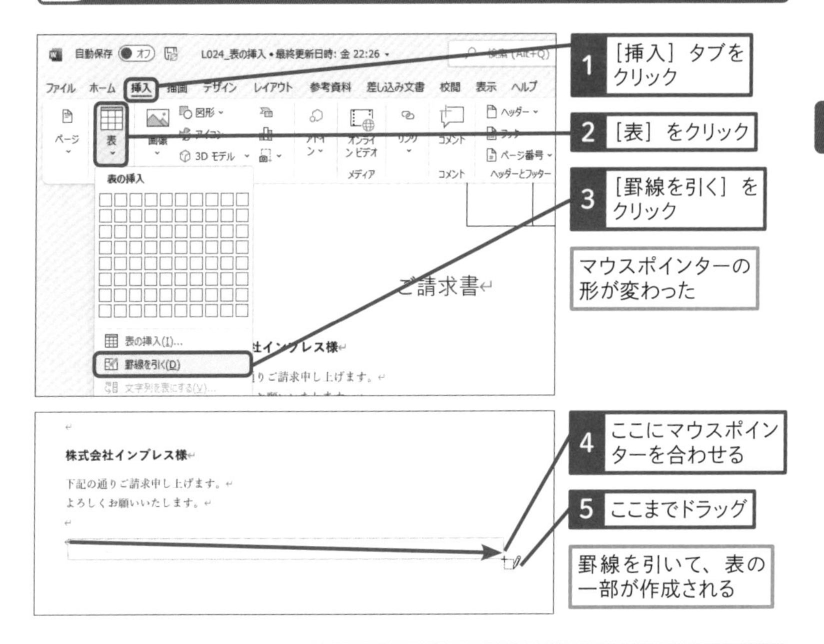

使いこなしのヒント

行や列を挿入するには

表の行や列は後から追加できます。最初に予定していた行数や列数よりも、入力したい項目が増えたときには、行や列を挿入して調整しましょう。行や列の挿入では、追加したい方向に合わせて上下左右が選べます。

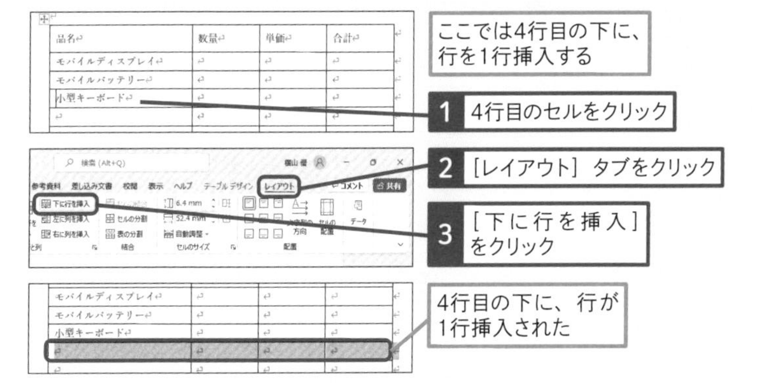

レッスン

25 行や列の幅を変えるには

行や列の幅　練習用ファイル　L025_行や列の幅.docx

表の挿入では、自動的に列の幅と高さが均等に調整されます。挿入した表の列や行は、後から自由に幅や高さを調整できます。作成したい一覧表や計算表の用途に合わせて、幅や高さを調整して見やすい表を作りましょう。

1 列の幅をドラッグして変える

ここでは1列目の幅を広げる

1 ここにマウスポインターを合わせる

マウスポインターの形が変わった

2 右にドラッグ

品名	数量	単価	合計
モバイルディスプレイ			
モバイルバッテリー			
小型キーボード			

1列目の幅が広がった

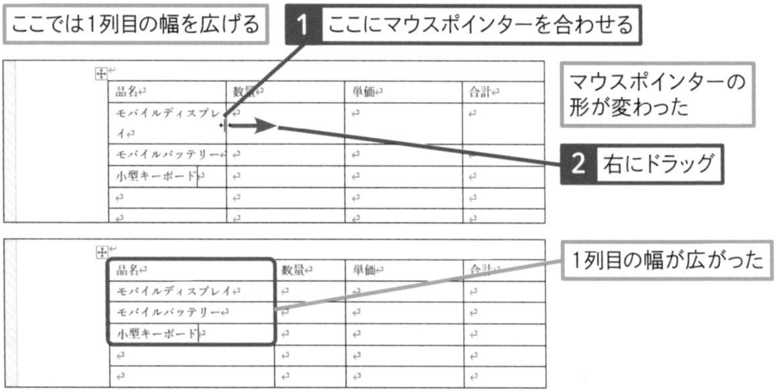

2 行の幅をドラッグして変える

ここでは1列目の幅を広げる

1 ここにマウスポインターを合わせる

マウスポインターの形が変わった

2 下にドラッグ

品名	数量	単価	合計
モバイルディスプレイ			
モバイルバッテリー			
小型キーボード			

1行目の幅が広がった

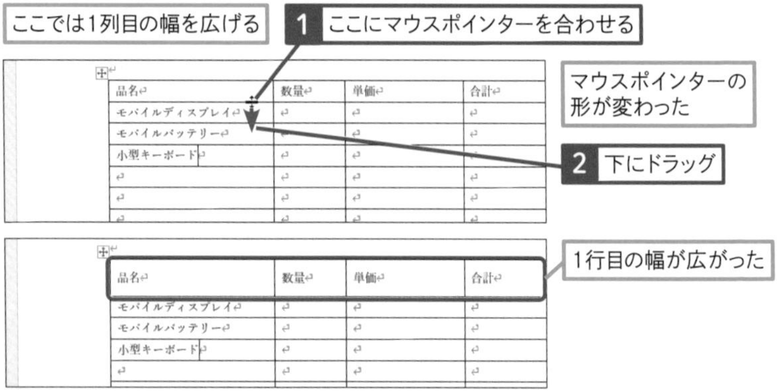

使いこなしのヒント

正確な数値で行と列を調整するには

表のプロパティにある［行］や［列］で、正確な数値で高さや幅を指定できます。

1 表をクリック

2 ［レイアウト］タブをクリック

3 ［プロパティ］をクリック

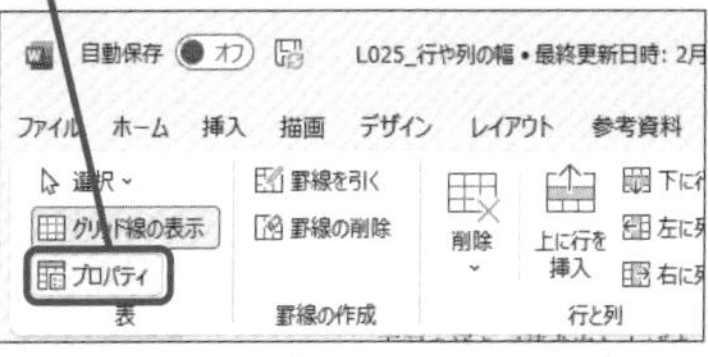

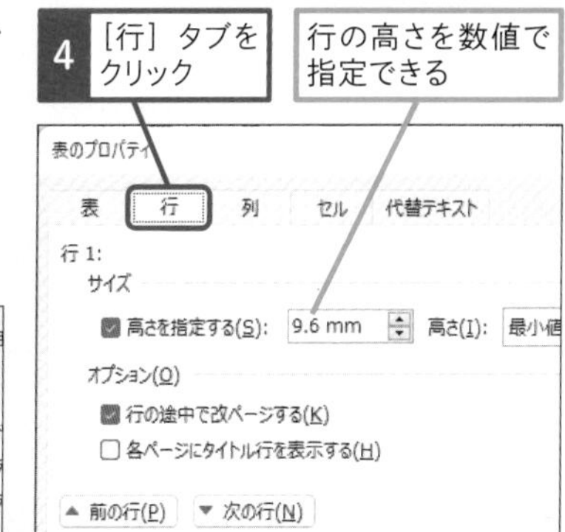

3 セルの高さを揃える

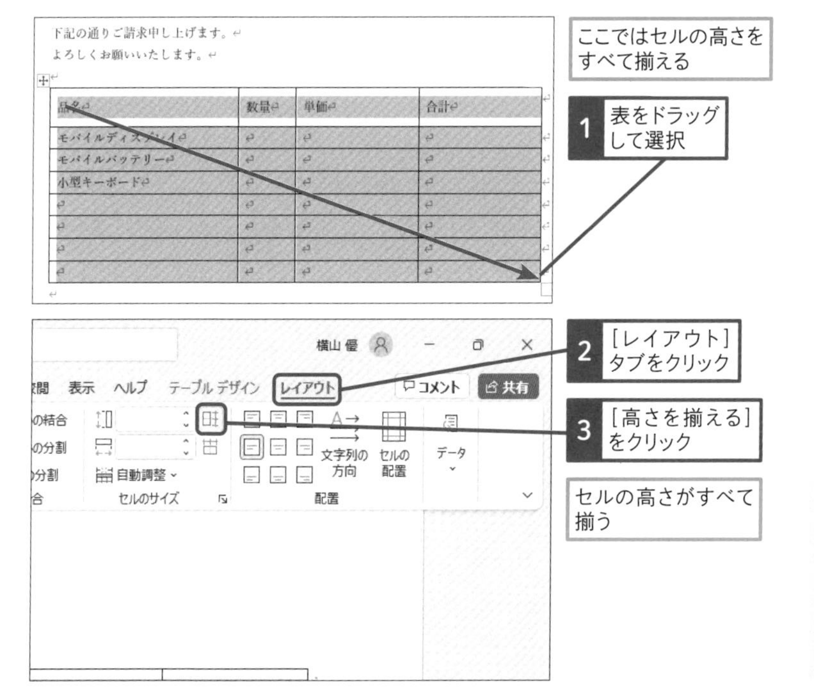

25 行や列の幅

次のページに続く

4 セルの幅を揃える

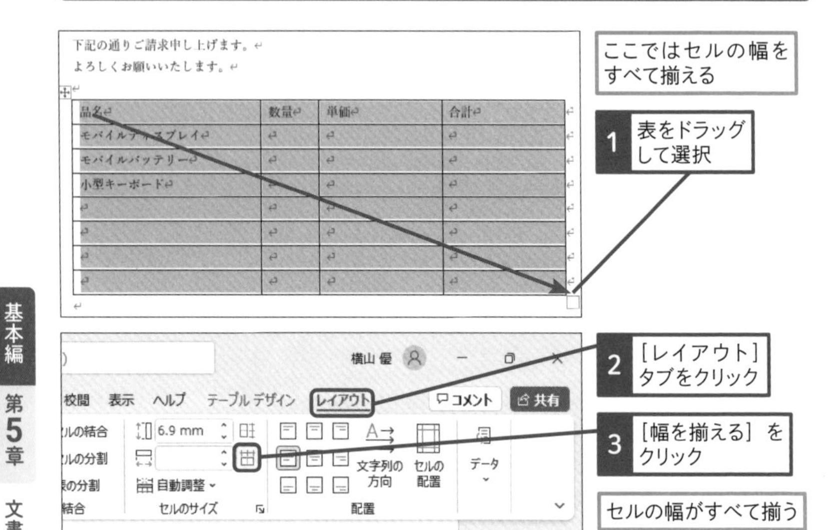

使いこなしのヒント

表の大きさを変えるには

挿入した表の右下に表示される□をマウスでドラッグすると、表全体の大きさを変えられます。

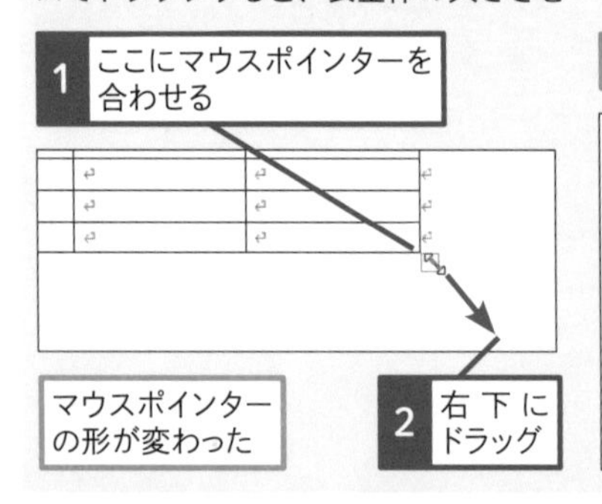

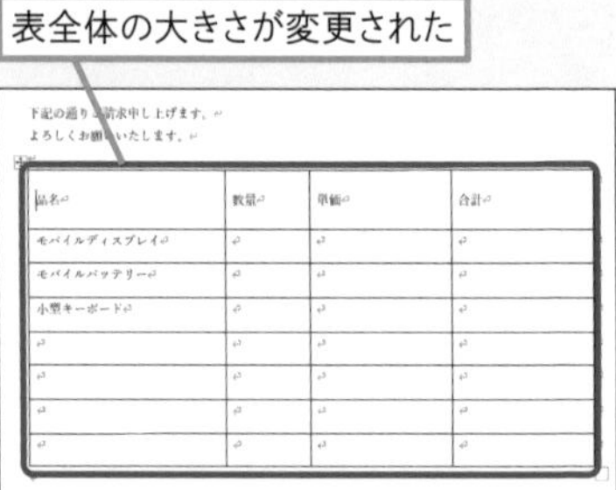

5 文字の幅に合わせる

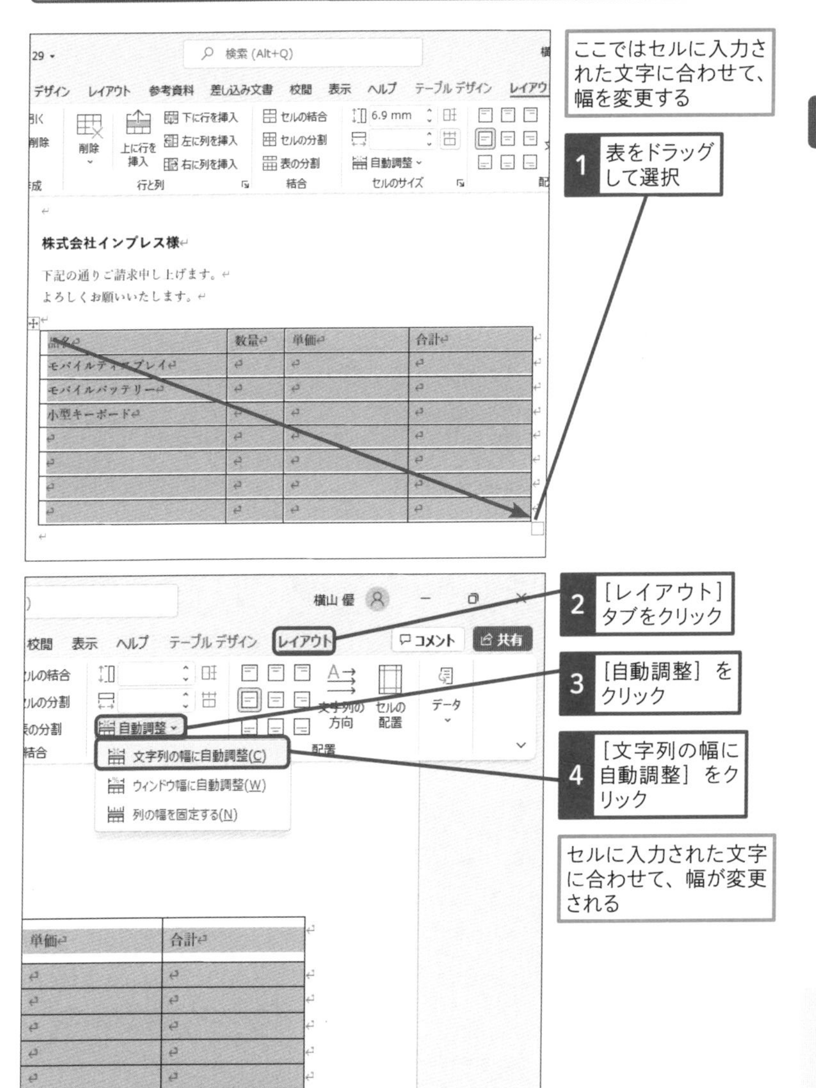

次のページに続く

6 ウィンドウの幅に合わせる

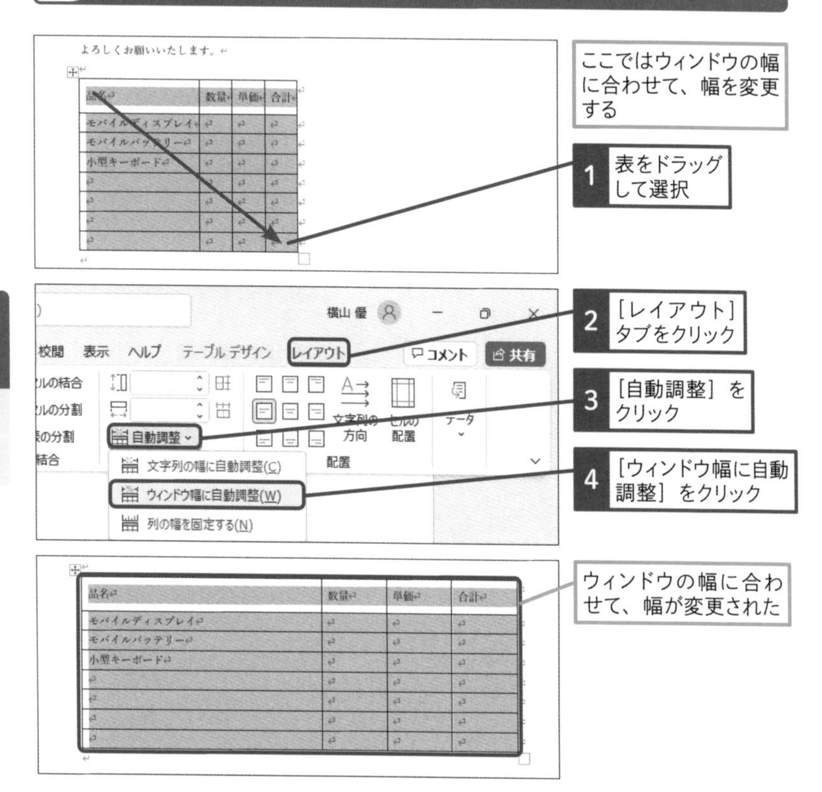

使いこなしのヒント

表全体を移動したいときには

挿入した表の左上に表示される⊞をマウスでドラッグすると、表全体を移動できます。

1 ここにマウスポインターを合わせる

マウスポインターの形が変わった

品名	数量	単価	合計
モバイルディスプレイ			
モバイルバッテリー			
小型キーボード			

ドラッグすると表全体を移動できる

7 行の高さを数値で設定する

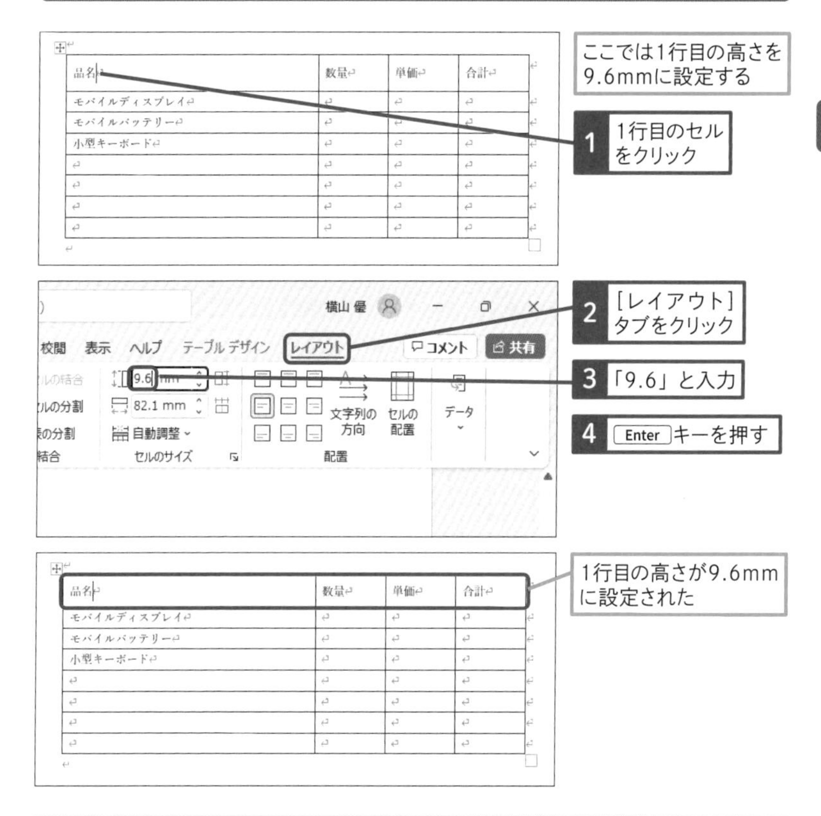

使いこなしのヒント

表の縦横比を保ったまま拡大・縮小するには

表全体のサイズを変更するときに、Shift キーを押してマウスでドラッグすると、表の縦横比を保ったまま拡大・縮小できます。

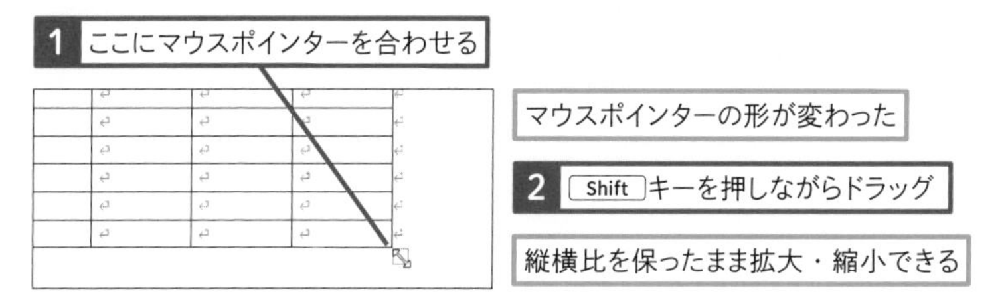

レッスン

26 罫線の太さや種類を変えるには

［テーブルデザイン］タブ　練習用ファイル　L026_テーブルデザイン.docx

表の罫線は、太さや種類や色を自由に変えられます。表の線を変更すると、セルの内容への注目度を高めたり、反対に不要な線を消すことで、表のデザイン性を向上したりできます。

1 罫線の太さを変える

ここでは「出精値引き」と入力されたセルの罫線の太さを変更する

表のセルをクリックして、［テーブルデザイン］タブを表示しておく

1 ［テーブルデザイン］タブをクリック

2 ［罫線の書式設定］をクリック

3 ［ペンの太さ］のここをクリックして［3pt］を選択

品名↵	数量↵	単価↵	合計↵
モバイルディスプレイ↵	↵	↵	↵
モバイルバッテリー↵	↵	↵	↵
小型キーボード↵	↵	↵	↵
↵	出精値引き↵	↵	↵
↵	小計↵	↵	↵
↵	消費税↵	↵	↵
↵	合計↵	↵	↵

4 「出精値引き」と入力されたセルのここをクリック

品名↵	数量↵	単価↵	合計↵
モバイルディスプレイ↵	↵	↵	↵
モバイルバッテリー↵	↵	↵	↵
小型キーボード↵	↵	↵	↵
↵	出精値引き↵	↵	↵
↵	小計↵	↵	↵
↵	消費税↵	↵	↵

セルの罫線の太さが変更された

ここととこをクリックして同じ太さに変更する

2 罫線の種類を変更する

ここでは「消費税」と入力されたセルの罫線の種類を変更する

表のセルをクリックして、[テーブルデザイン] タブを表示しておく

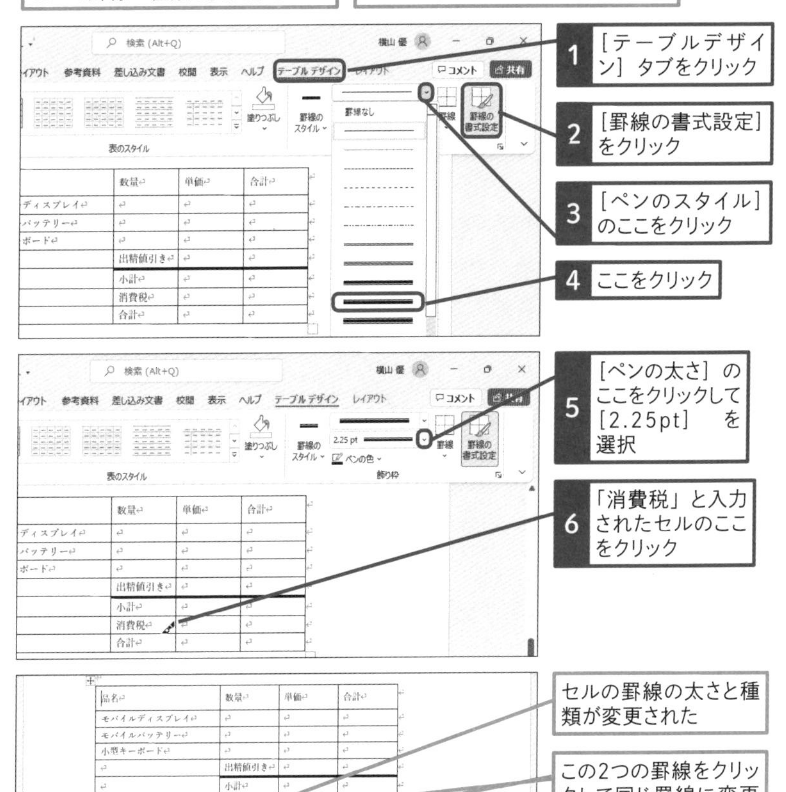

使いこなしのヒント

[表のスタイル] でカラフルな表をデザインする

[テーブルデザイン] の [表のスタイル] を使うと、カラフルな一覧表をデザインできます。

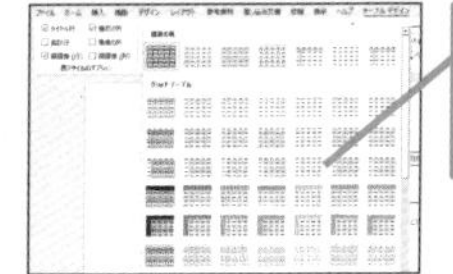

レッスン

27 不要な罫線を削除するには

罫線の削除　練習用ファイル　L027_罫線の削除.docx

表の見やすさを向上させるためには、文字や数字を入力しないセルの罫線を消して、すっきりさせましょう。また、罫線を削除すると、2つのセルを1つのセルに統合できます。さらに、マウスでの罫線引きを活用すると、斜めの罫線も手早く引けます。

1 罫線を引く位置を変更する

ここでは「モバイルディスプレイ」と入力されたセルの左の罫線を削除する

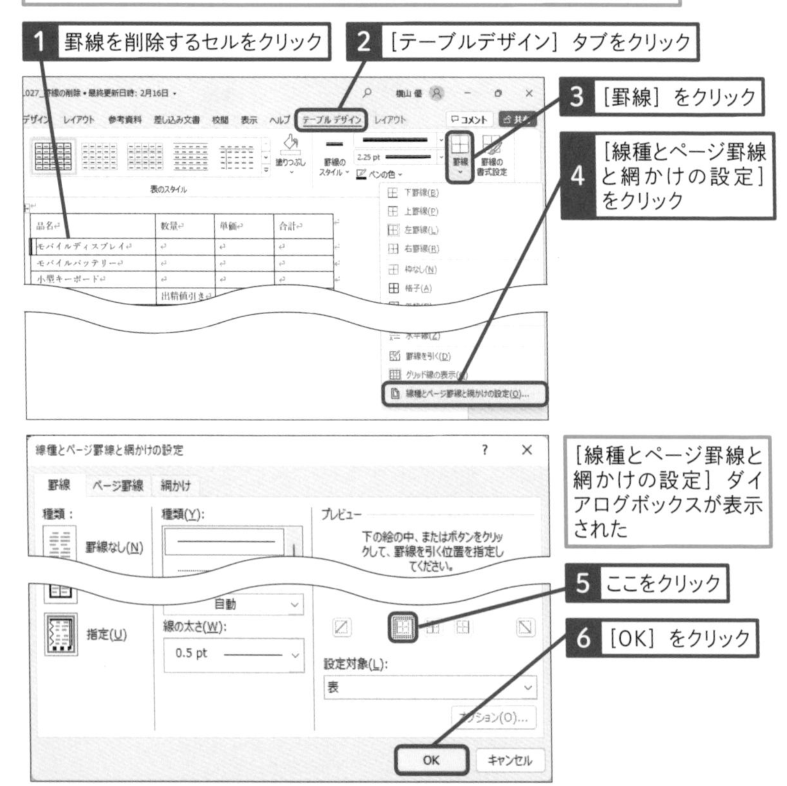

● セルの罫線が削除された

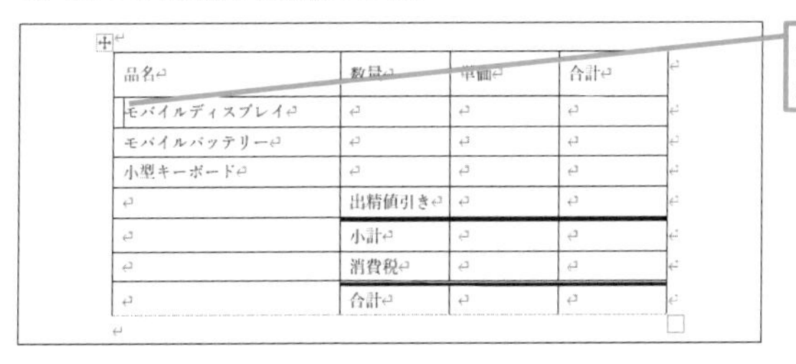

2 内側の罫線のみを削除する

ここでは表の内側の罫線のみを削除する

表全体を選択しておく

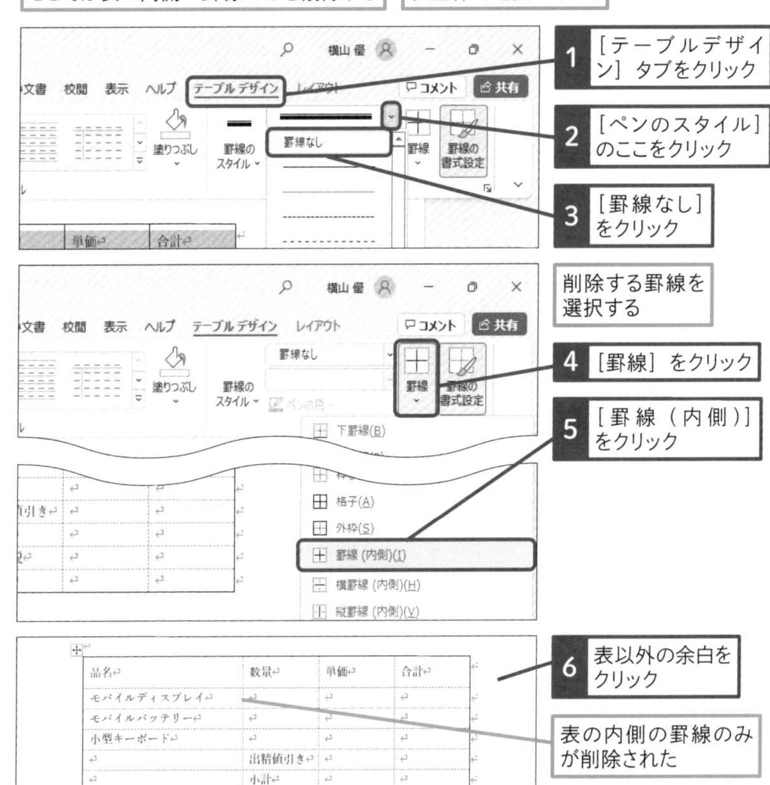

次のページに続く

3 罫線をまとめて削除する

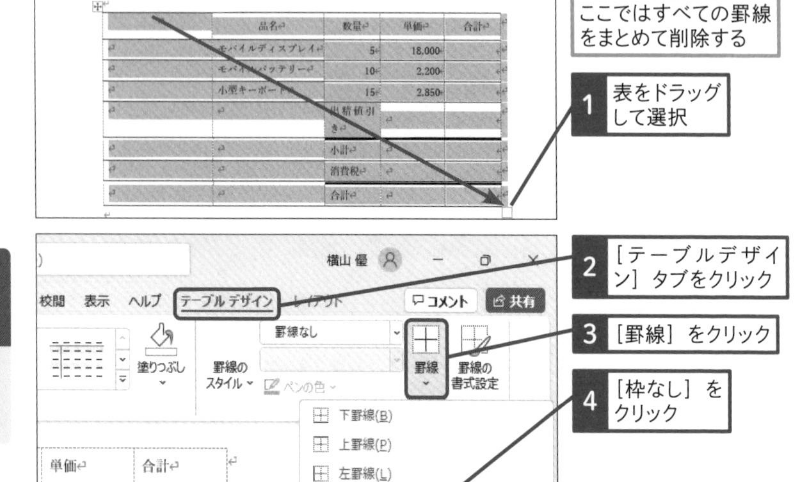

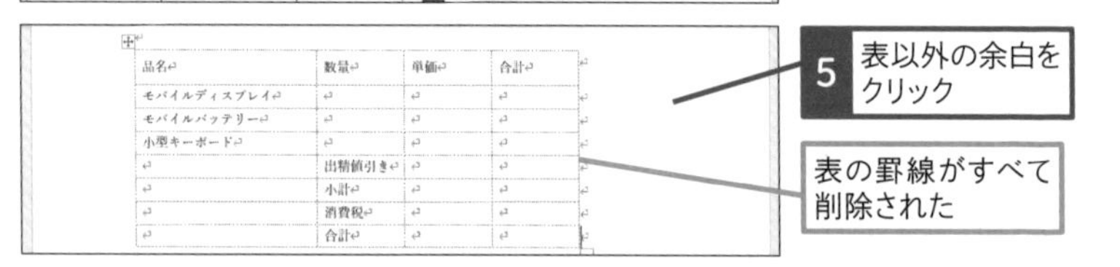

使いこなしのヒント

プレビューをクリックしても変更できる

[線種とページ罫線と網かけの設定]で表示されているプレビューの線をクリックしても、罫線を引く位置を変更できます。

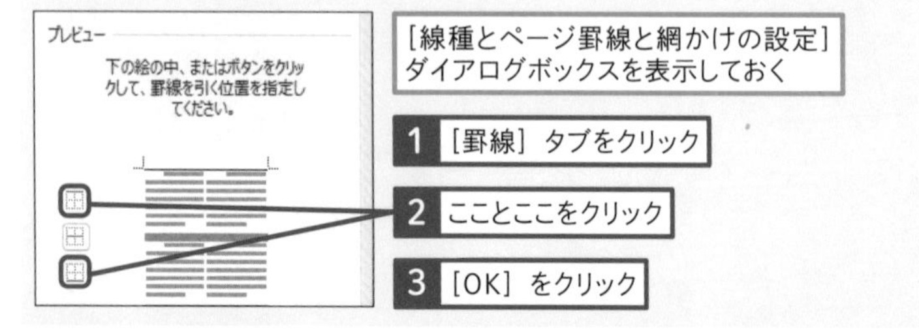

4 罫線を削除してセルを統合する

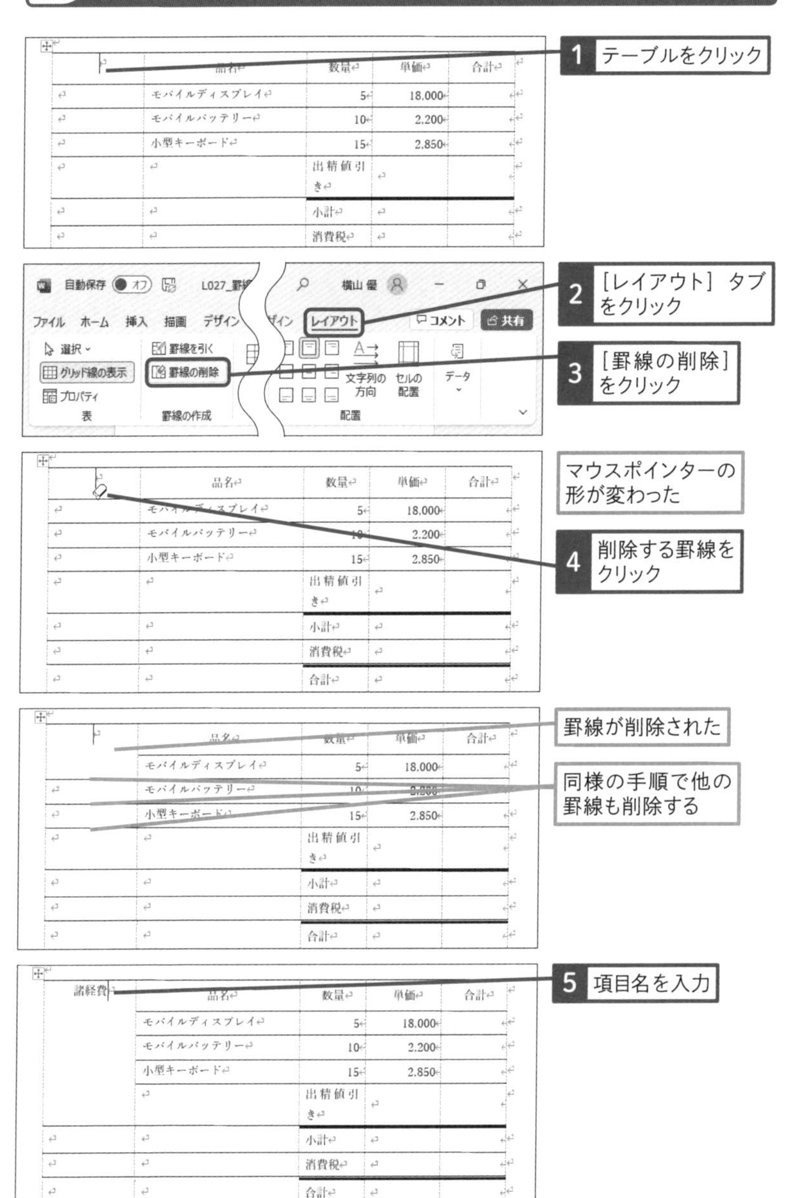

レッスン
28 表の中で計算するには

表内での計算　練習用ファイル　L028_表内での計算.docx

Wordの表には、Excelのような計算機能があります。計算を利用するためには、表のセルの座標を理解して、四則演算や合計などの数式を登録します。数式を登録すると、表の数字を変えて何度でも計算できるようになります。

1 セルの位置関係を覚える

Wordの表には、Excelのように上や左に座標を示すアルファベットと数字は表示されていません。しかし、挿入した表ごとに、左上をA1として座標が割り当てられています。

表の上端のセルから下に向かって、1、2、3…と行番号が付けられている

表の左端のセルから右に向かって、A、B、C…と列番号が付けられている

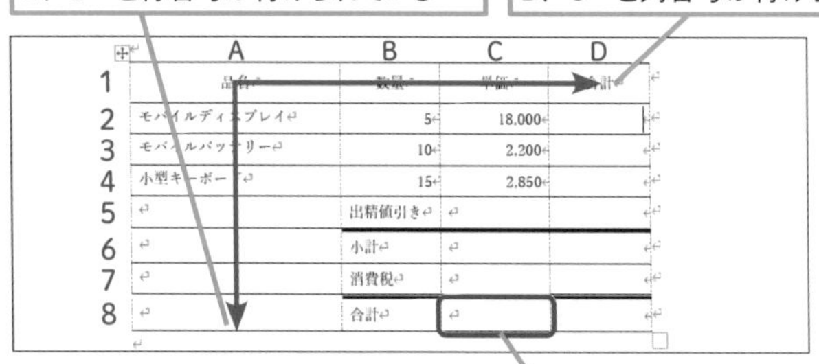

たとえばこのセルは、左から3つ目なので列番号は「C」、上から8つ目なので行番号は「8」となり、セル番地はC8となる

使いこなしのヒント

フィールドコードを参照するには

表に挿入された計算式は、Wordのフィールドコードという特殊なコードです。フィールドコードの内容を確認するには、ショートカットメニューから［フィールドコードの表示/非表示］を選択します。フィールドコードが表示されていると、直接その数字やセルの座標などを修正できます。修正したフィールドコードの計算結果を確認したいときには、再び［フィールドコードの表示/非表示］を選択します。また、キーボードの Shift + F9 キーを押すことでも、フィールドコードの表示と非表示を切り替えられます。

2 セルに計算式を入力する

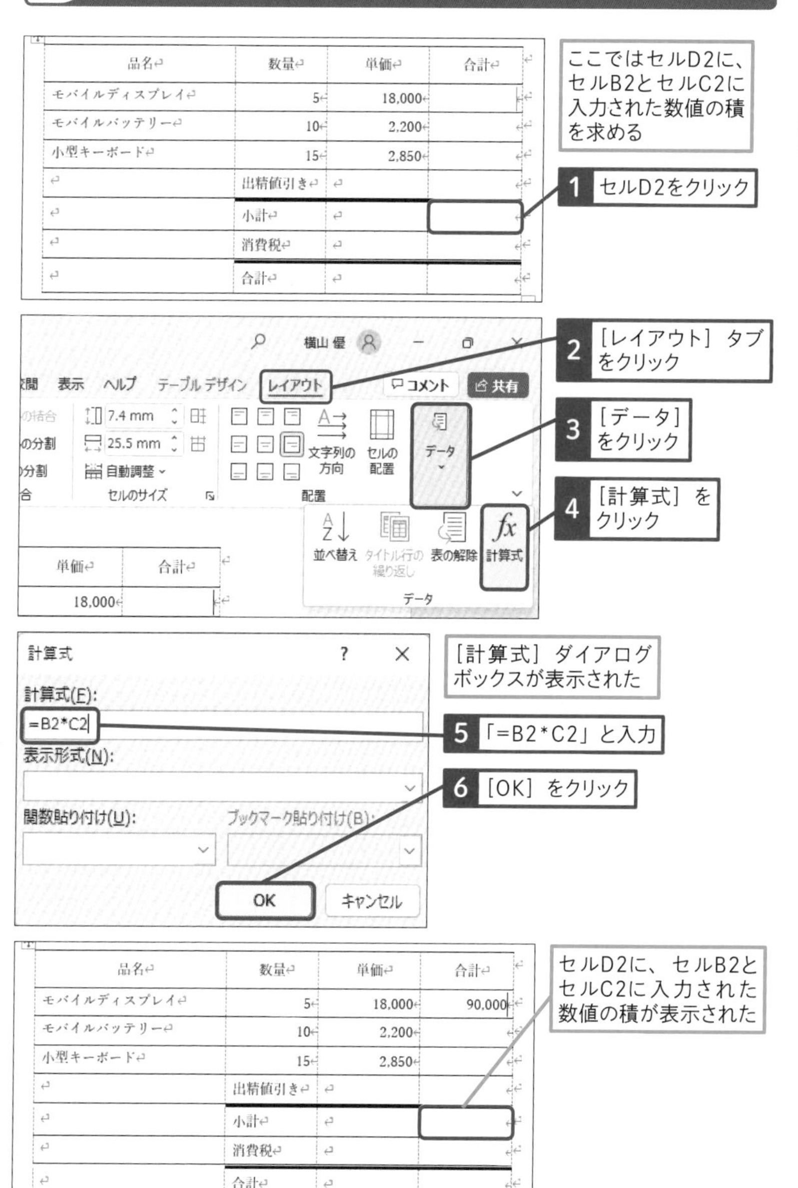

スキルアップ

セルを削除するには

[セルを削除後、左に詰める] では、対象となるセルだけを削除して、右端のセルが消されます。一方 [セルを削除後、上に詰める] では、セル内のデータは消されて、下の行の内容がひとつずつ上に繰り上げられます。また、ミニツールバーでも [セルの削除] が利用できます。

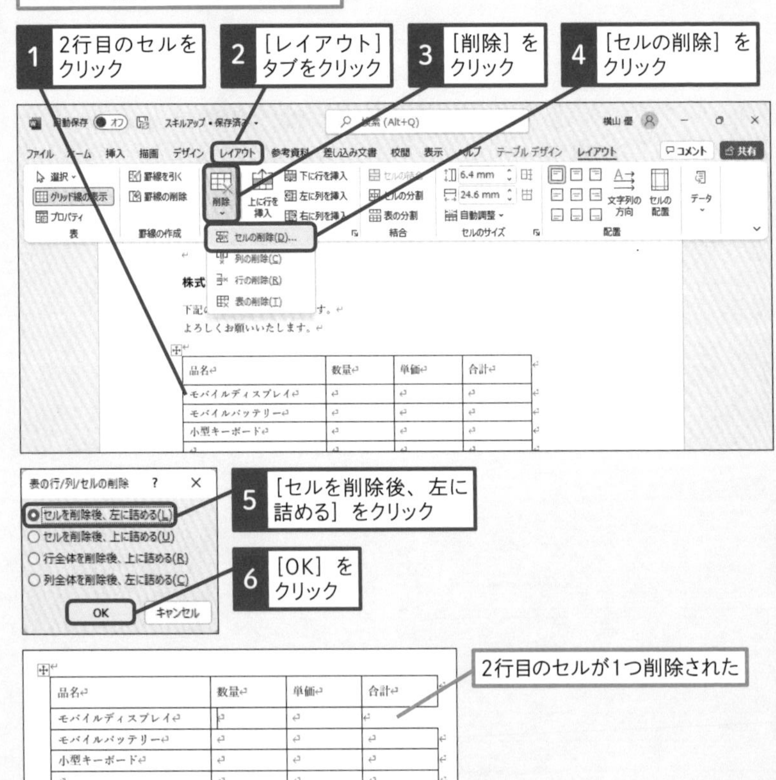

基本編

第6章

印刷物を作ろう

Wordは、用紙サイズを変えると、はがきサイズの文書も作成できます。また、図形や写真を挿入したり、文字を縦書きやカラフルにして、見栄えのするはがきをデザインしたりできます。

レッスン

29 はがきサイズの文書を作るには

サイズ　練習用ファイル　なし

Wordの編集画面は、印刷したい文書の用途に合わせてサイズを自由に変更できます。あらかじめ用意されているサイズを選んで変更するだけではなく、任意の数値を指定して、はがきなど様々なサイズの用紙に対応できます。

1 文書のサイズを選ぶ

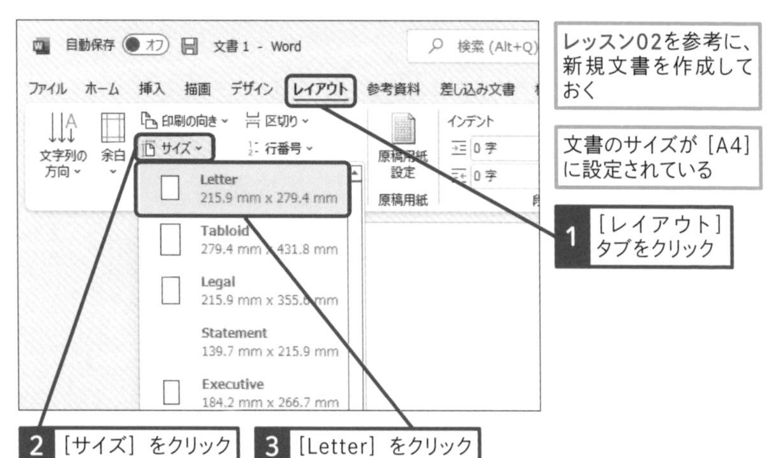

レッスン02を参考に、新規文書を作成しておく

文書のサイズが［A4］に設定されている

1 ［レイアウト］タブをクリック

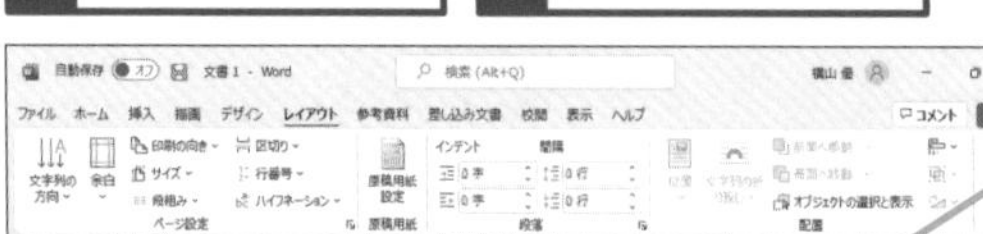

2 ［サイズ］をクリック　3 ［Letter］をクリック

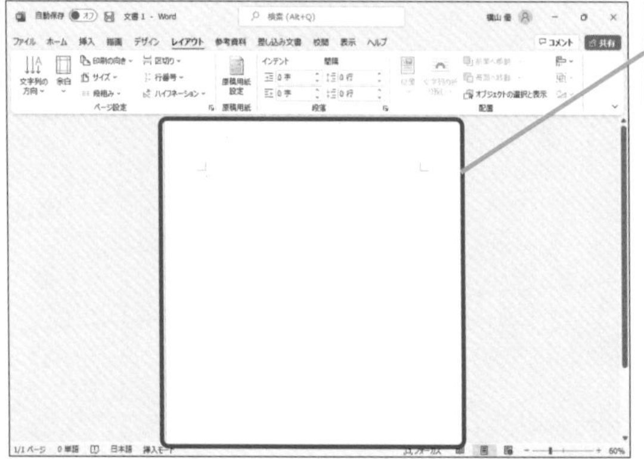

文書のサイズが［Letter］に変更された

2 文書のサイズを自由に設定する

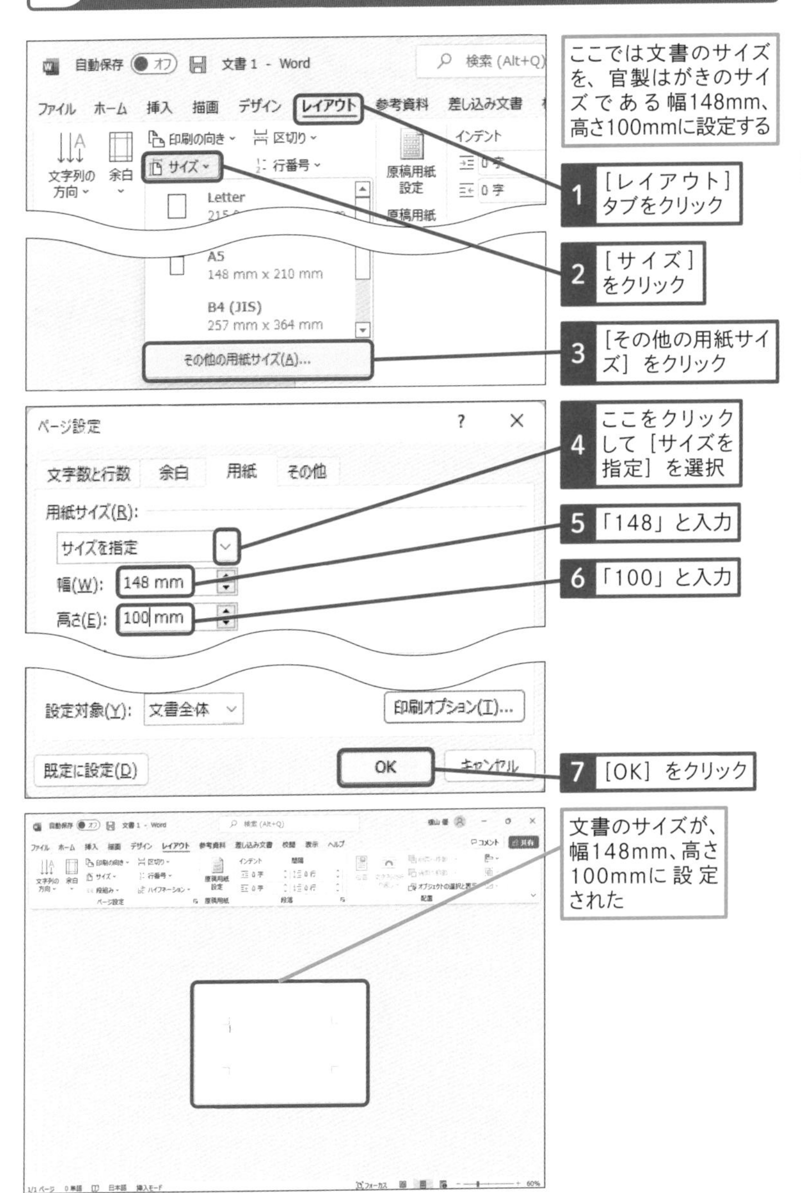

レッスン
30 カラフルなデザインの文字を挿入するには

動画で見る

フォントの色、文字の効果と体裁　練習用ファイル　L030_文字の装飾.docx

Wordでは、色やスタイルを使ってカラフルなデザインの文字を装飾できます。はがきの目的や書類のタイトル、チラシの見出しなど、特に注目してもらいたい文字をカラフルに装飾して目立たせます。

1 文字の色を変更する

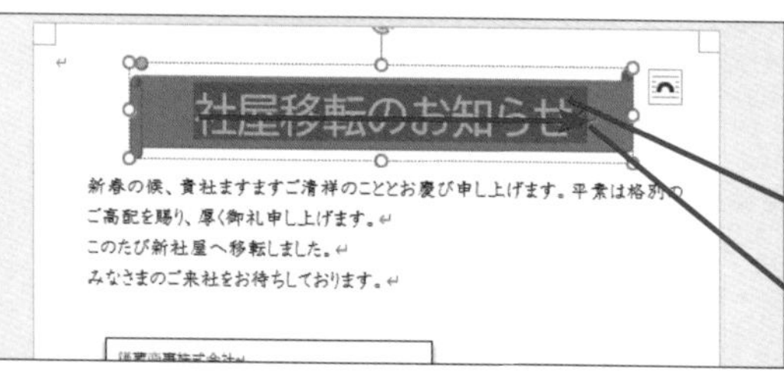

ここではタイトルの文字の色を金色に変更する

1 文字をクリック

2 色を変更する文字をドラッグして選択

3 選択範囲を右クリック

4 ［フォントの色］のここをクリック

5 ［ゴールド、アクセント4、白、基本色60%］をクリック

使いこなしのヒント

文字をハイライトするには

文字を選択し、右の手順のように蛍光ペンの色を指定すると、文字をハイライトできます。

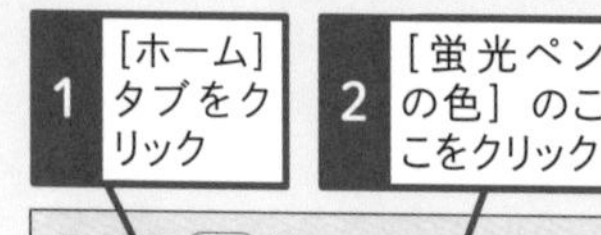

1 ［ホーム］タブをクリック

2 ［蛍光ペンの色］のここをクリック

2 文字の色を自由に設定する

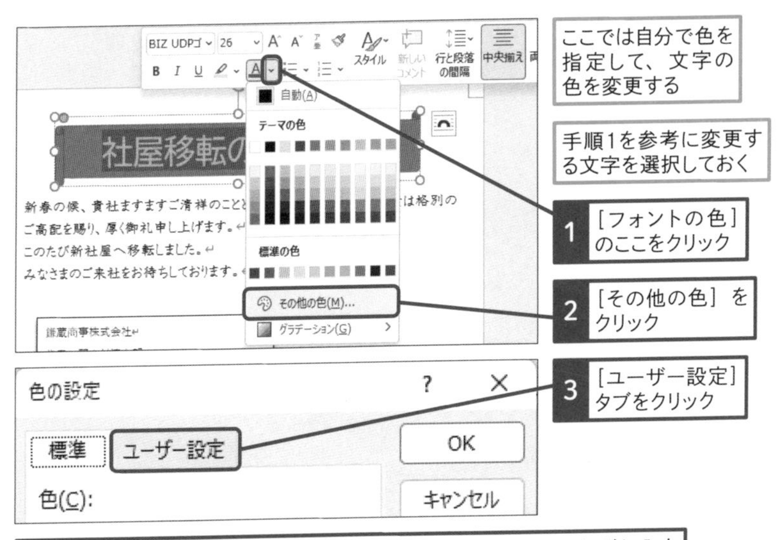

4 ［赤］に「200」、［緑］に「250」、［青］に「220」とそれぞれ入力

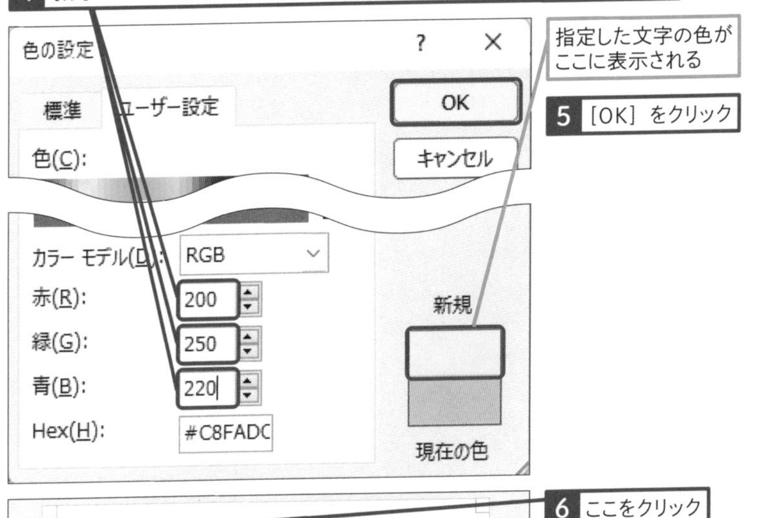

6 ここをクリック

社屋移転のお知らせ

新春の候、貴社ますますご清祥のこととお慶び申し上げます。平素は格別の

指定した文字の色に変更された

次のページに続く ➡

3 文字にグラデーションを付ける

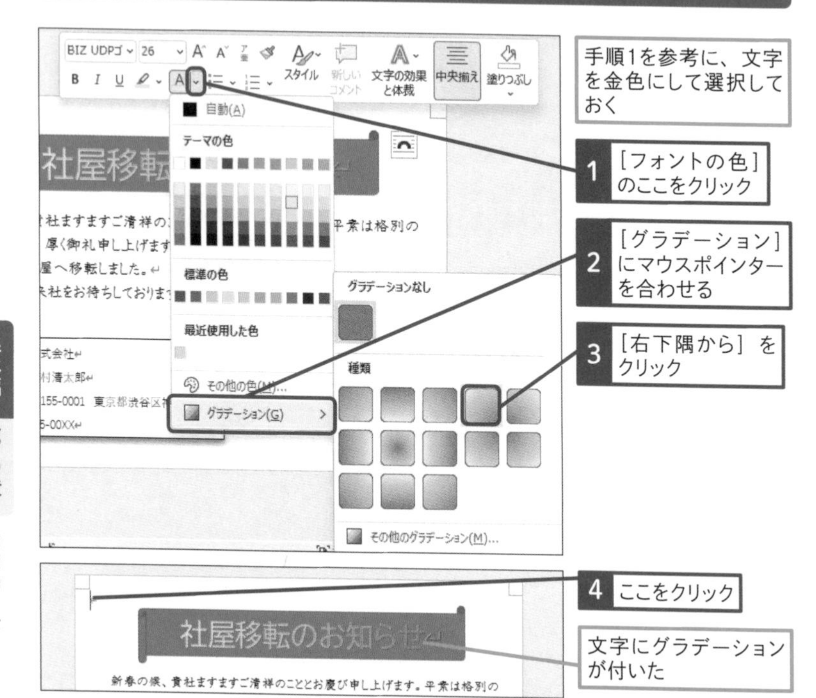

4 文字を装飾する

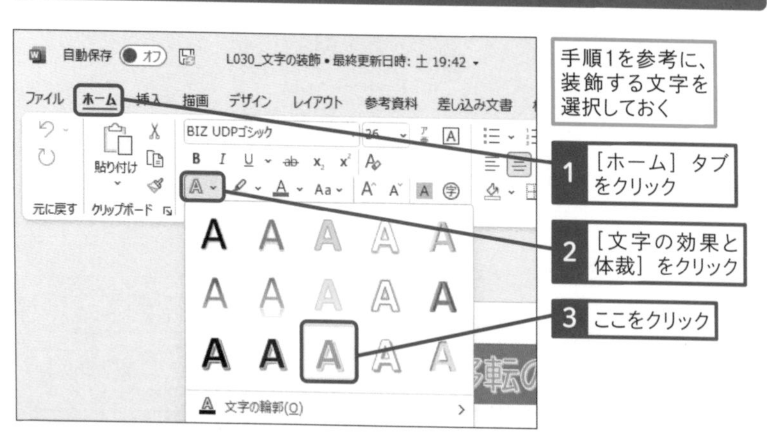

● 文字の効果を反映できた

5 文字の効果を調整する

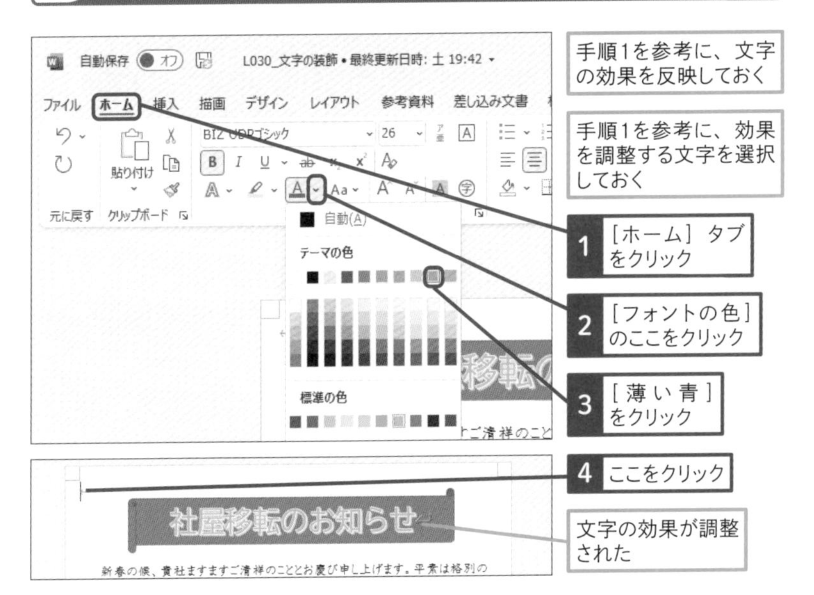

使いこなしのヒント

図形に文字を挿入するには

レッスンのように図形に文字を挿入するには、図形の上でマウスを右クリックして［テキストの追加］を選びます。

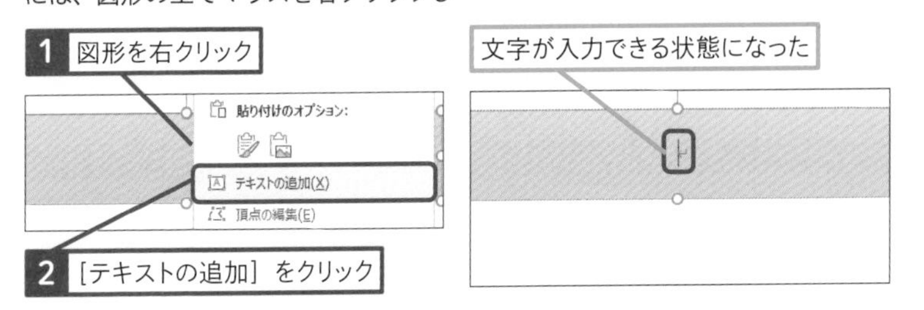

レッスン

31 フォントを工夫するには

フォントの工夫　練習用ファイル　L031_フォントの工夫.docx

チラシのキャッチコピーやレポートのタイトルなど、文書の中には特に注目してもらいたい文字があります。そうした文字には、フォントの装飾を工夫すると、見栄えや注目度を高められます。

タイトル文字を装飾する

Before タイトルの文字が目立つように工夫したい

水の都を巡る旅へ↵

ヴェネツィアは 5 世紀にアドリア海の干潟（ラグーナ）に築かれ、街は実に 118 もの小
から成り、数多くの橋でつながります。10 世紀には強力な海運共和国として貿易で栄え
輝ける歴史をもち、街全体と潟が世界遺産に登録されています。↵

→

After タイトルの文字が目立つように装飾された

水の都を巡る旅へ↵

ヴェネツィアは 5 世紀にアドリア海の干潟（ラグーナ）に築かれ、街は実に 118 もの小
から成り、数多くの橋でつながります。10 世紀には強力な海運共和国として貿易で栄え
輝ける歴史をもち、街全体と潟が世界遺産に登録されています。↵

使いこなしのヒント

用意されている装飾でかんたんにフォントを変更できる

文字の効果と体裁から設定できるフォントの装飾は、ワードアートで使われているデザインと同じです。編集画面に入力した文章も、文字の効果と体裁を使うと、凝った装飾を簡単に設定できます。

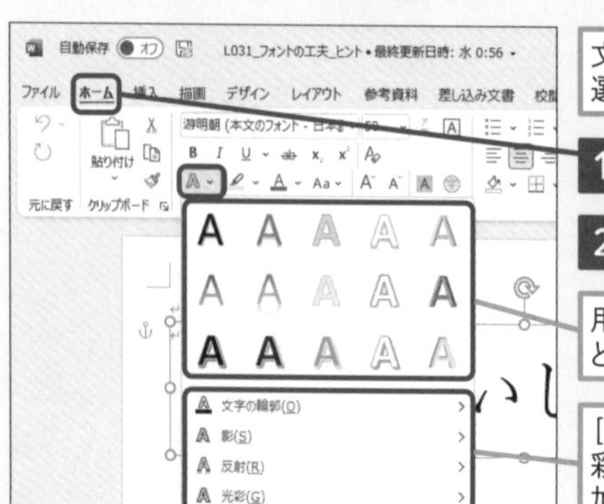

文字のテキストボックスを選択しておく

1 ［ホーム］タブをクリック

2 ［文字の効果と体裁］をクリック

用意されている装飾をクリックすると、かんたんに装飾できる

［文字の輪郭］や［影］［反射］［光彩］などを組み合わせたり、付け加えたりしてもいい

1 文字にさまざまな効果を付ける

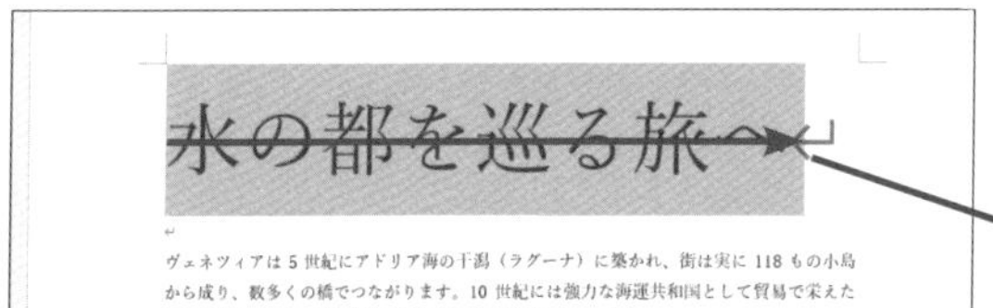

タイトル文字にさまざまな効果を付ける

1 効果を付ける文字をドラッグして選択

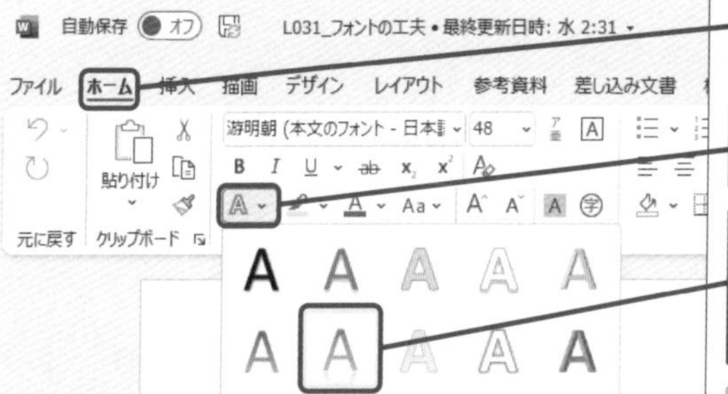

2 ［ホーム］タブをクリック

3 ［文字の効果と体裁］をクリック

4 ［塗りつぶし（グラデーション）:青、アクセントカラー 5; 反射］をクリック

使いこなしのヒント

オリジナルの装飾も作れる

［文字の効果と体裁］を使うと、影や反射に光彩などを独自に組み合わせて、オリジナルの装飾を作れます。

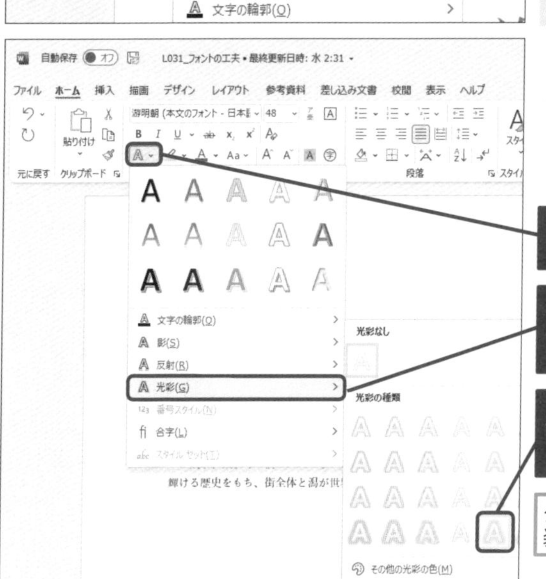

5 ［文字の効果と体裁］をクリック

6 ［光彩］にマウスポインターを合わせる

7 ［光彩:18pt;青、アクセントカラー5］をクリック

タイトル文字が装飾される

レッスン

32 写真を挿入するには

画像の挿入　練習用ファイル　L032_画像の挿入.docx

Wordの編集画面には、デジタルカメラやスマートフォンなどで撮影した画像を挿入できます。文書に挿入したい画像があるときは、あらかじめパソコンに保存しておいて、Wordの［挿入］タブから編集画面に表示します。

1 パソコンに保存した写真を挿入する

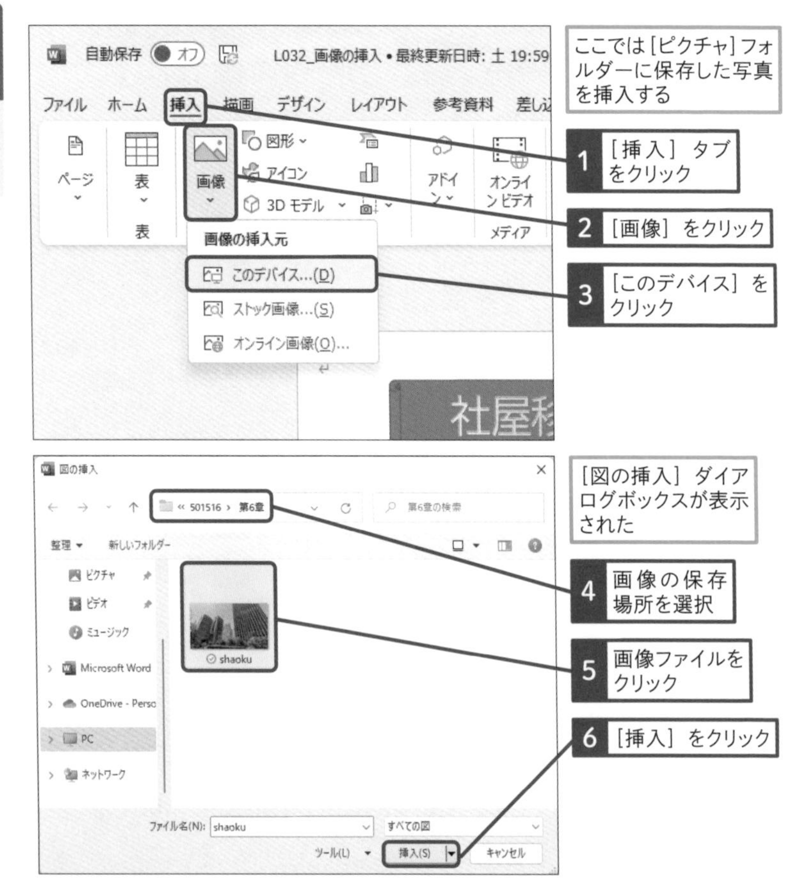

● 選択した画像が挿入された

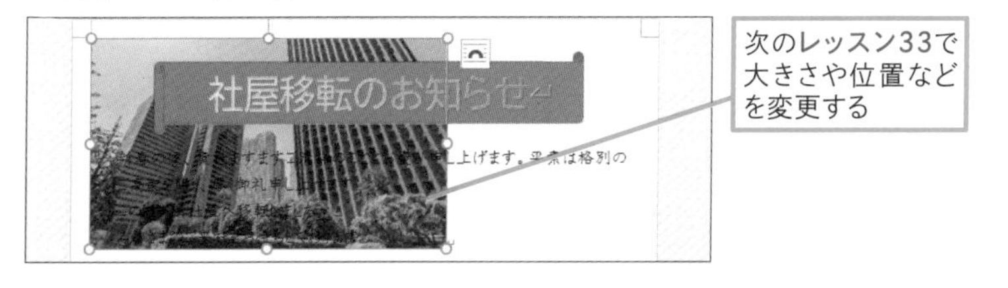

2 無料で使える写真を挿入する

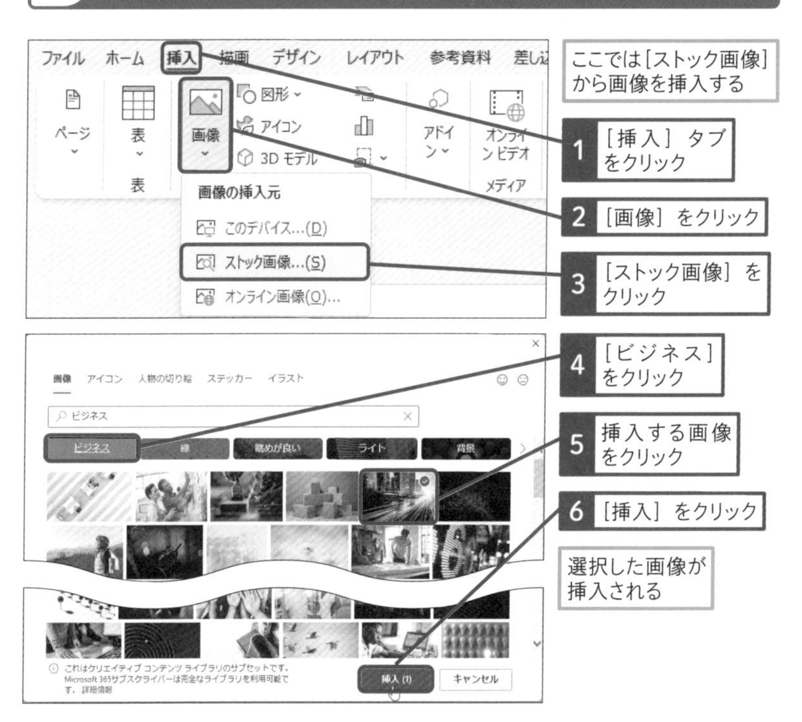

使いこなしのヒント

ストック画像の商用利用について

ストック画像で入手した画像は、入手元のサイトのライセンスに準拠します。Wordで利用する限りは、自由に挿入して編集できます。しかし、画像をチラシや企画書などの商業目的で利用する場合には、著作権者からの許可や購入などの手続きが必要になります。

レッスン

33 写真の大きさを変えるには

画像のサイズ変更　練習用ファイル　L033_画像のサイズ変更.docx

挿入した画像は、図形と同じように移動や拡大・縮小できます。また、画像と文字の重ね合わせや文字の流し込みなども指定できます。さらに、トリミングを使うと、挿入した画像の一部分だけを編集画面に表示できます。

1 画像を縮小する

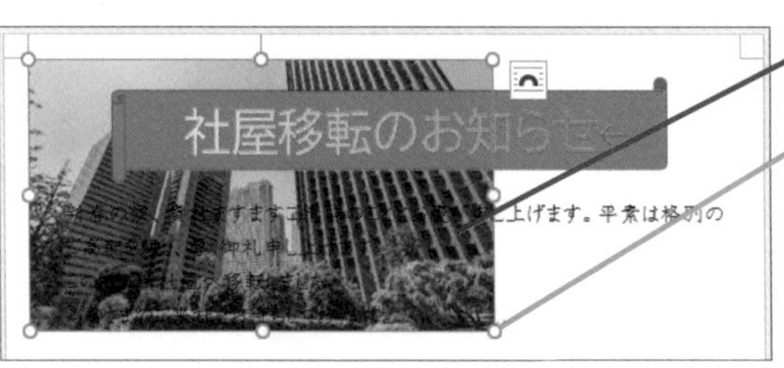

1 画像をクリック

画像のまわりにハンドルが表示された

2 ここにマウスポインターを合わせる

マウスポインターの形が変わった

3 ここまでドラッグ

画像が縮小された

縦横比は自動的に固定される

2 画像の大きさを数値で設定する

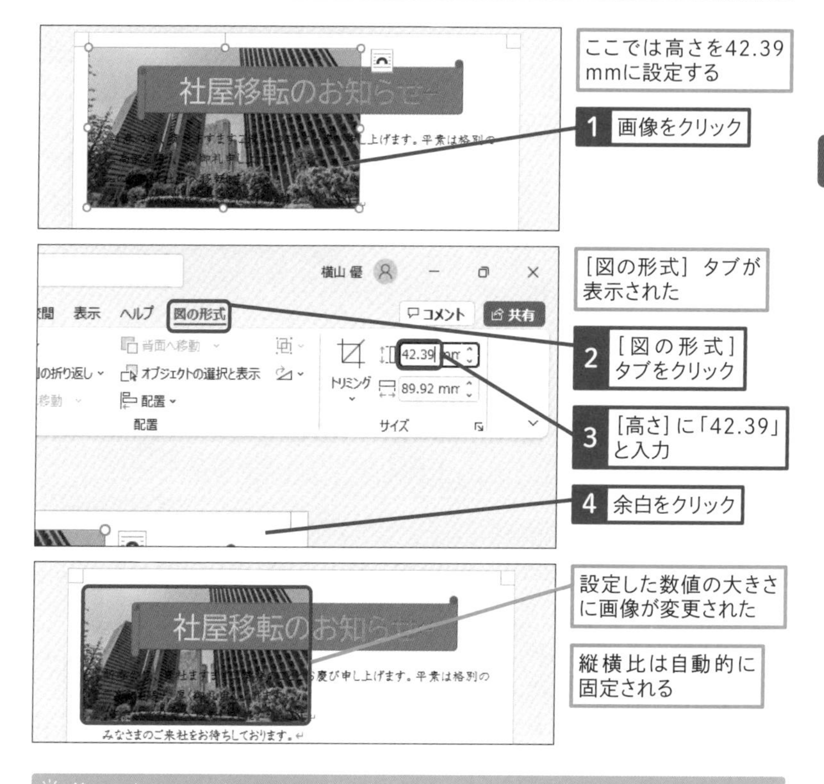

使いこなしのヒント

画像のスタイルで画像を加工できる

画像を右クリックして表示されるショートカットメニューから［画像のスタイル］をクリックすると、画像に影やフレームを付けたり、傾けて表示させたり、丸くトリミングしたり、ユニークなデザインを指定できます。画像のスタイルは、画像を選択しているときに表示される［図の形式］タブにある［図のスタイル］からも利用できます。

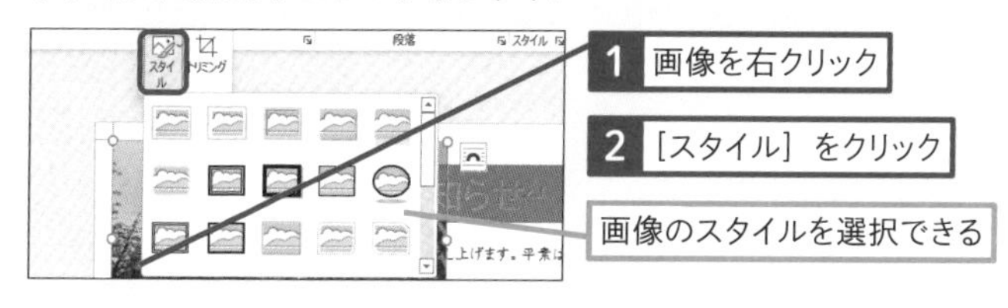

次のページに続く

3 写真をトリミングする

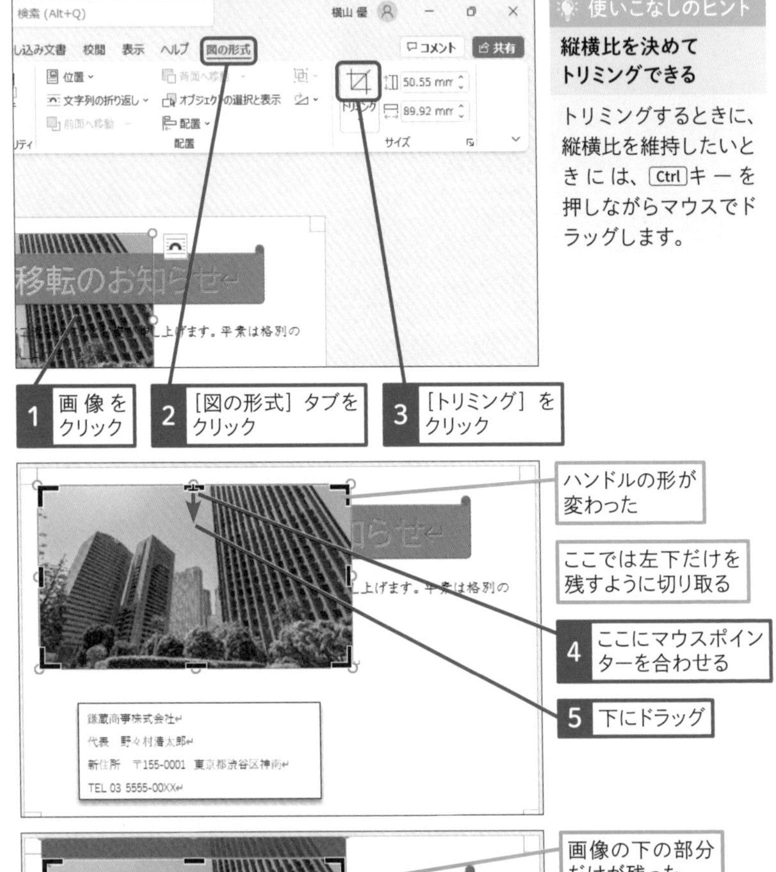

使いこなしのヒント

縦横比を決めてトリミングできる

トリミングするときに、縦横比を維持したいときには、Ctrlキーを押しながらマウスでドラッグします。

● 写真のトリミングを確定する

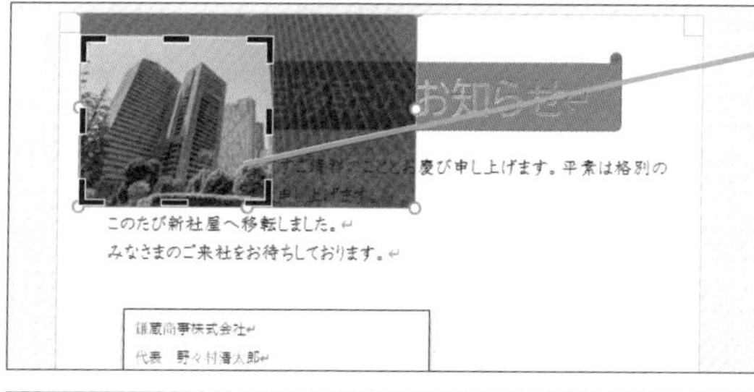

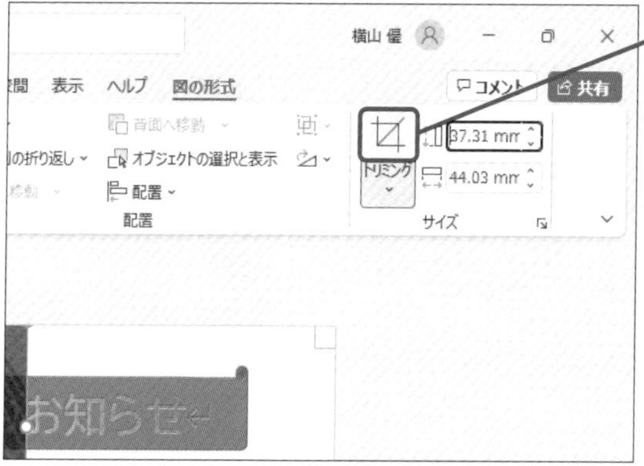

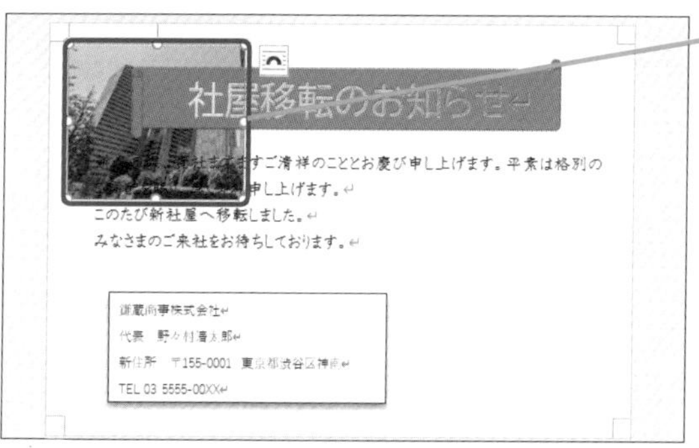

使いこなしのヒント

トリミングしたサイズに画像を合わせるには

トリミングしたフレームの外側に表示されている画像をドラッグすると、表示したい部分を調整できます。また、表示したいサイズに合わせて画像の拡大・縮小もできます。

33 画像のサイズ変更

レッスン

34 文字を縦書きにするには

縦書きテキストボックス、文字列の方向 練習用ファイル L034_縦書き.docx

はがきのように、文章が短くてレイアウトに工夫が求められるような文書の作成では、テキストボックスを活用して、タイトルや画像とのバランスを調整すると、見栄えのいい紙面になります。このときに、縦書きテキストボックスを使うと、自由な位置に縦書きの文字を配置できます。

1 縦書きの文字を挿入する

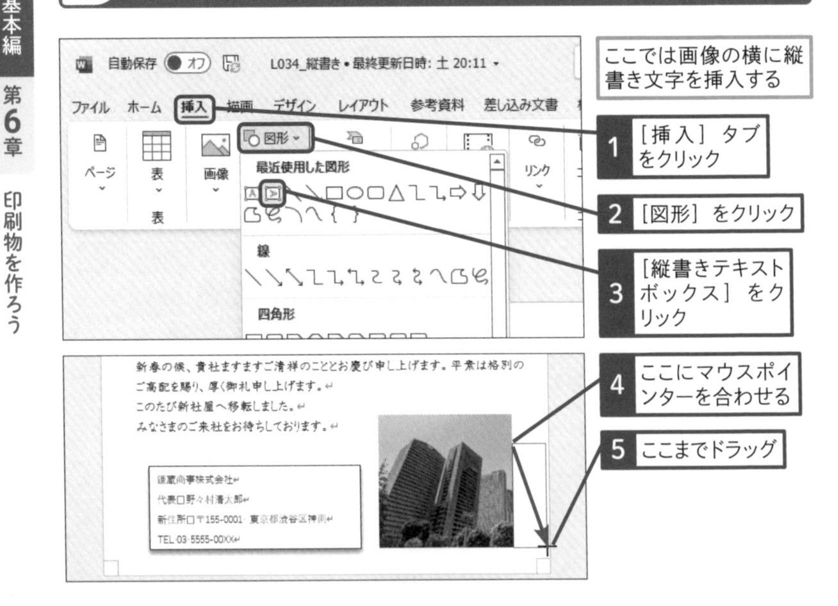

ここでは画像の横に縦書き文字を挿入する

1 ［挿入］タブをクリック

2 ［図形］をクリック

3 ［縦書きテキストボックス］をクリック

4 ここにマウスポインターを合わせる

5 ここまでドラッグ

● 文字を入力する

6 文字を入力

縦書き文字が挿入された

基本編 第6章 印刷物を作ろう

2 すべての文字を縦書きにする

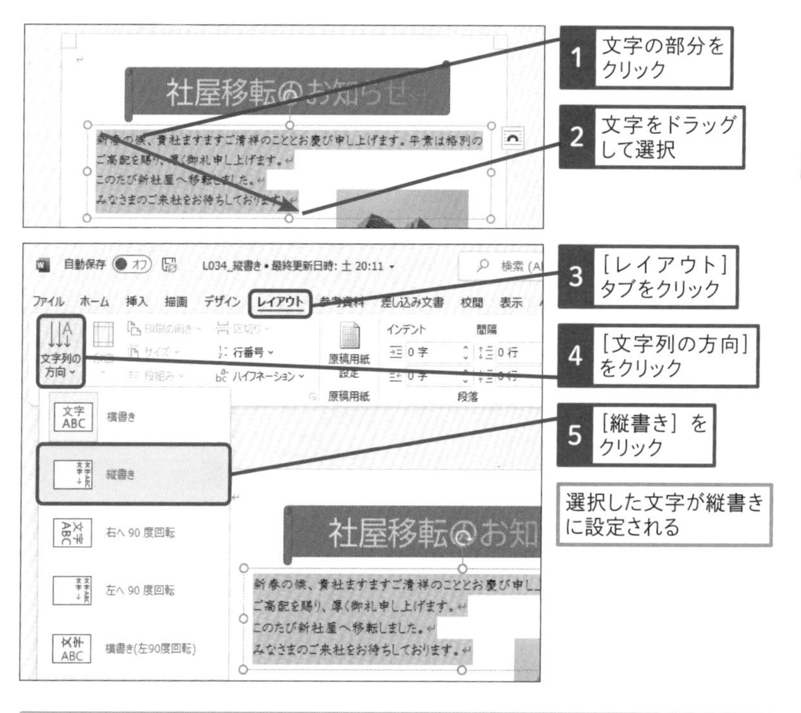

使いこなしのヒント

テキストボックスの枠線を消すには

テキストボックスは、図形の一種なので挿入した直後には、枠線が表示されています。テキストボックスの枠線を消すには、ショートカットメニューの［枠線］から［枠線なし］を設定します。

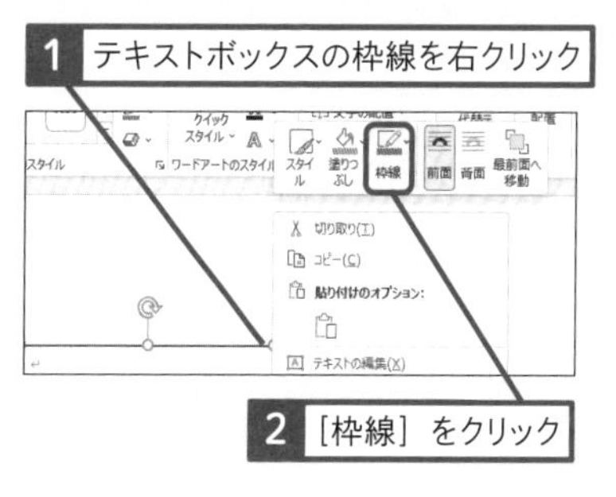

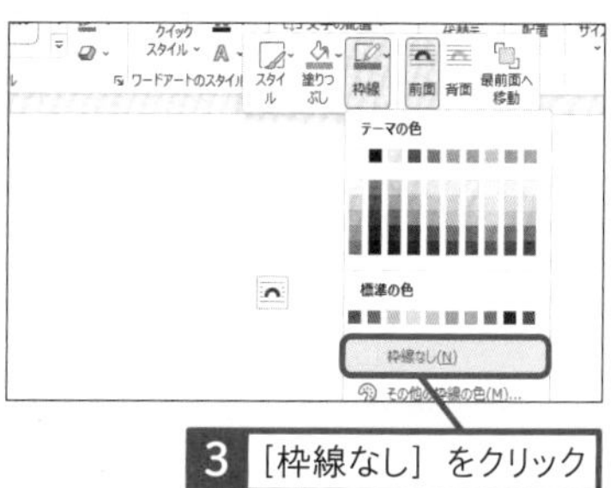

レッスン
35 ページ全体を罫線で囲むには

ページ罫線　練習用ファイル　L035_ページ罫線.docx

ページ罫線は、罫線の一種ですが、通常の線とは違い、ページ全体に縁取りのような線を引く機能です。ページ罫線を効果的に使えば、紙面全体が明るい雰囲気や、個性的なデザインになります。案内状にページ罫線を引いて、印象を変えてみましょう。

1 ページ全体を罫線で囲む

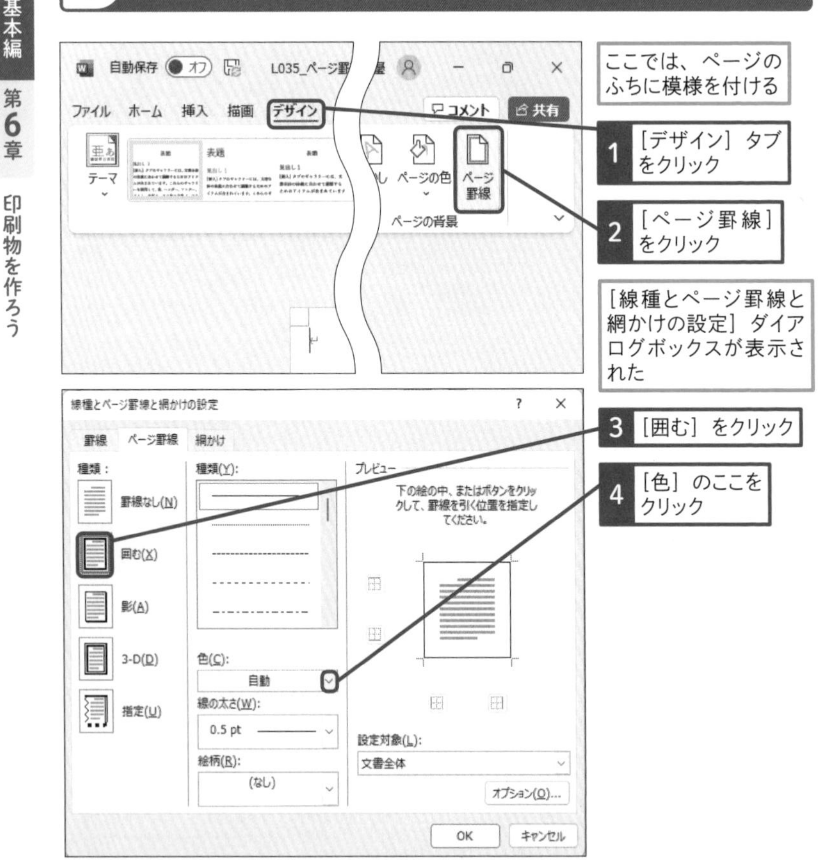

2 罫線の色を選択する

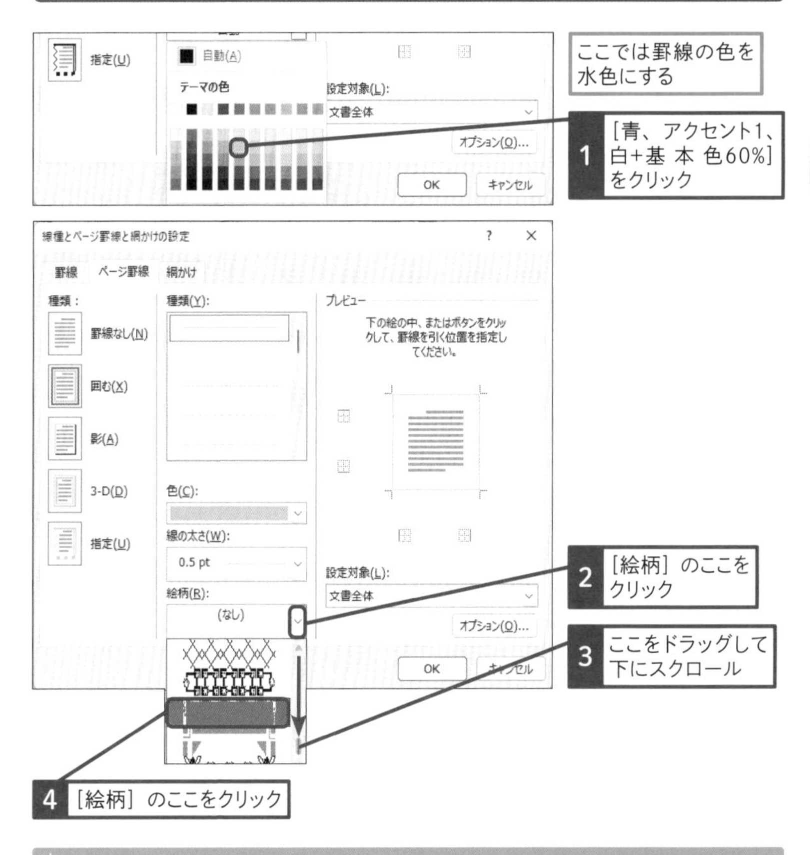

使いこなしのヒント

ページ罫線を部分的に削除するには

[線種とページ罫線と網かけの設定]のプレビューで、消したい線をクリックすると、任意のページ罫線を削除できます。

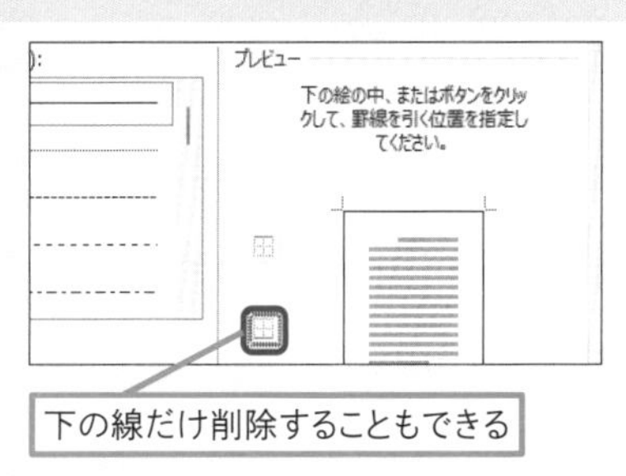

次のページに続く

● 余白を設定する

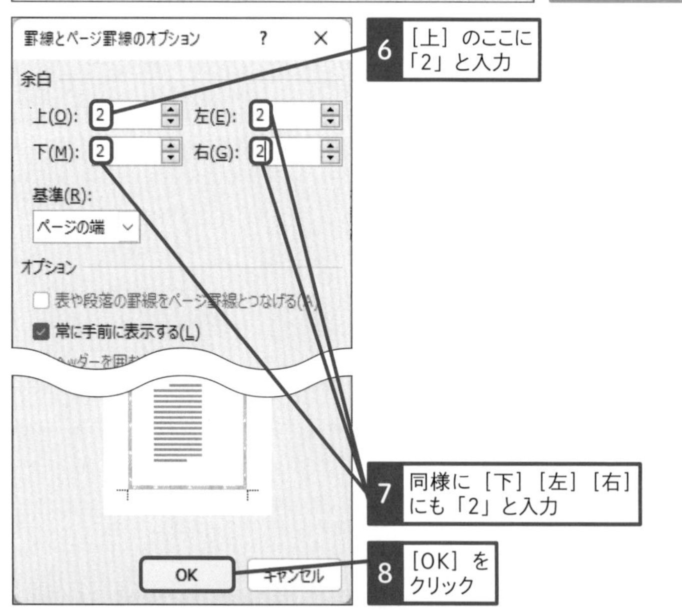

使いこなしのヒント

罫線以外のページの背景

ページ全体に背景として指定できる装飾には、ページ罫線の他にもページ全体の色や、透かし文字などが利用できます。

［ページの色］を使うと背景全体に色を適用できる

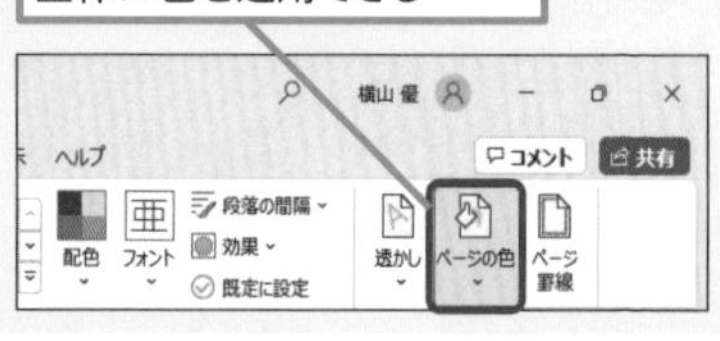

● 罫線の設定を完了する

使いこなしのヒント

ヘッダーやフッターをページ罫線で囲むには

[線種とページ罫線と網かけの設定] の [オプション] で、基準を「ページの幅」から「本文」に変更すると、編集画面に挿入した表や段落の罫線をページ罫線とつなげたり、ヘッダーやフッターをページ罫線で囲めたりします。

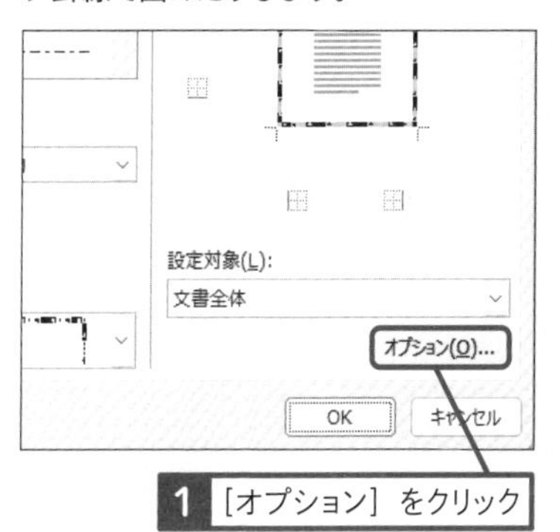

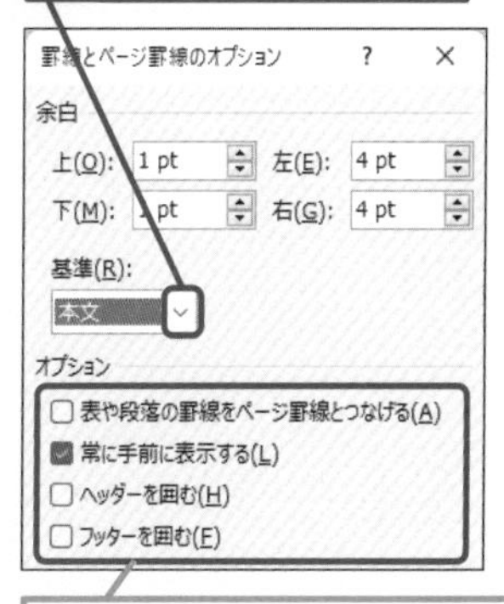

スキルアップ

文字の効果を個別に設定するには

［文字の効果と体裁］に用意されている文字の装飾は、影と反射と光彩を組み合わせてオリジナルの効果を設定できます。また、影と反射と光彩は、それぞれの［オプション］を指定すると、さらに自由な調整ができます。

文字を選択しておく

1 ［図形の書式］タブをクリック

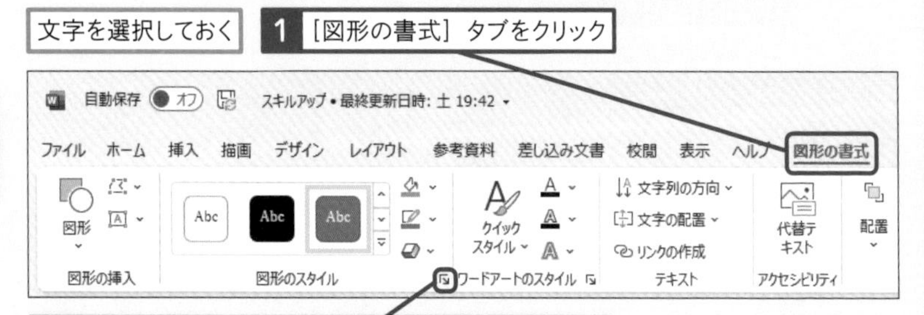

2 ［図形のスタイル］の［図形の書式設定］をクリック

3 ［文字のオプション］をクリック

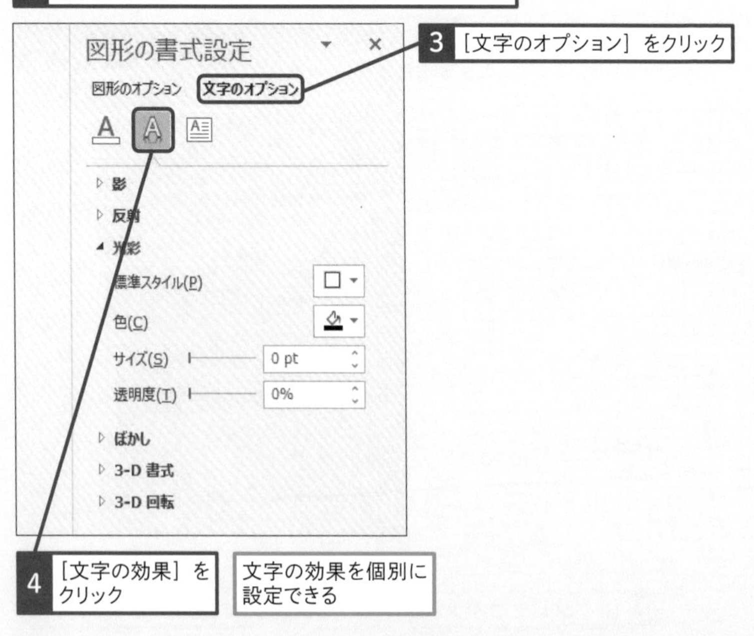

4 ［文字の効果］をクリック

文字の効果を個別に設定できる

基本編 第6章 印刷物を作ろう

活用編

第7章

文書のレイアウトを整えよう

文書を読みやすくする秘訣は、文字のレイアウトにあります。タイトルのように注目してもらいたい文字を際立たせたり、長い文章が読みやすいように一行の長さを短くしたりするなど、読みやすい文章にはレイアウトの工夫があります。そうした装飾や見栄えを変えるテクニックを学んでいきましょう。

レッスン

36 文書を2段組みにするには

動画で見る

段組み　練習用ファイル　L036_段組み.docx

段組みとは、指定された範囲の幅に「段」という区切りを作り文字を並べていく機能です。段組みを使うと、一行の文字数を短くして読みやすくできます。Wordの段組みの機能を使って、チラシやカタログなどに応用できるレイアウトに凝った文書を作っていきましょう。

2段組みにして読みやすくする

● 文書を2段組みにする

Before

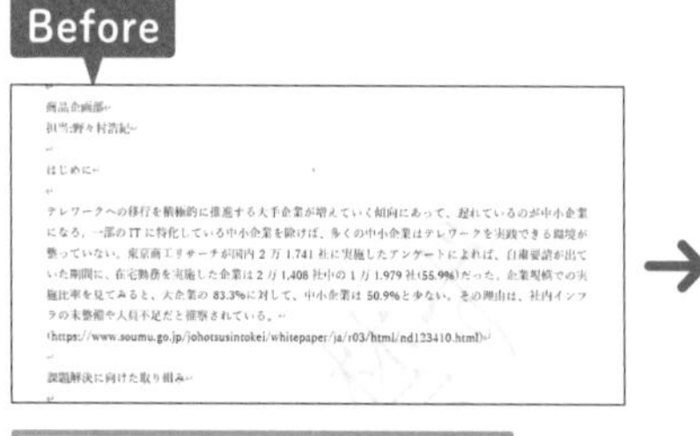

長い文章をすっきりと見せたい

After

2段組みにして読みやすくなった

1 2段組みにする

ここでは文書の本文を2段組みにする

1 本文をドラッグして選択

● 段組みを設定する

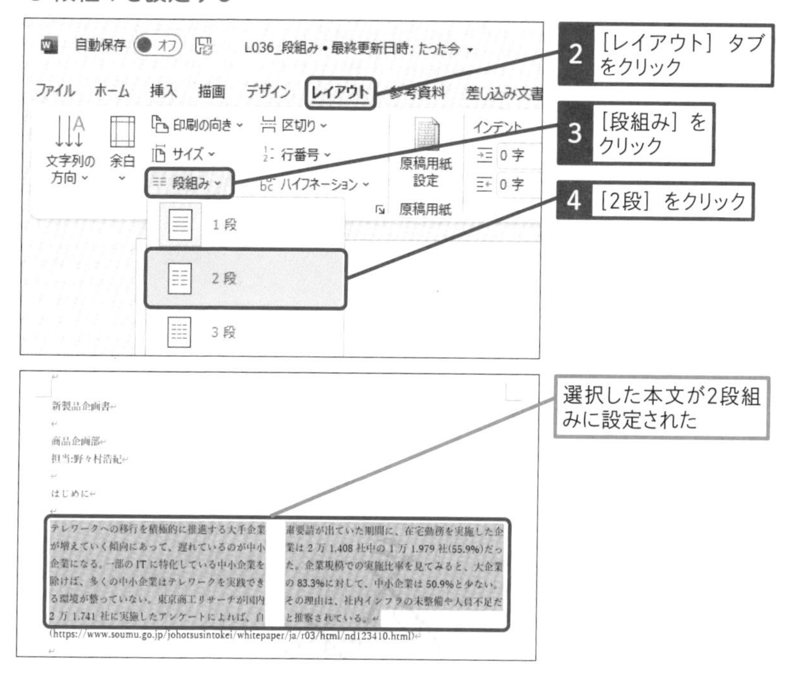

使いこなしのヒント

文章の途中から段組みを設定するには

文書全体ではなく、部分的に段組みを設定したいときには、段組みにする部分だけを範囲選択して、[レイアウト] の [段組み] で、段数を設定します。このときに、文書全体を選択していると、部分的な段組みにはならないので、注意しましょう。

使いこなしのヒント

段組みの詳細設定で段数を任意に指定できる

[段組みの詳細設定] を使うと、3段よりも多くの段数を指定できます。また、各段の幅も任意に調整できます。

レッスン

37 設定済みの書式をコピーして使うには

書式のコピー　練習用ファイル　L037_書式のコピー.docx

Wordには、装飾やインデントなどの書式だけをコピーする［書式のコピー/貼り付け］という機能があります。この特殊なコピー機能を使うと、すでに設定した書式を別の文字に適用できます。文書に統一性のある装飾を施したいときに使うと便利です。

書式をコピーする

● 設定済みの書式だけをコピーする

Before

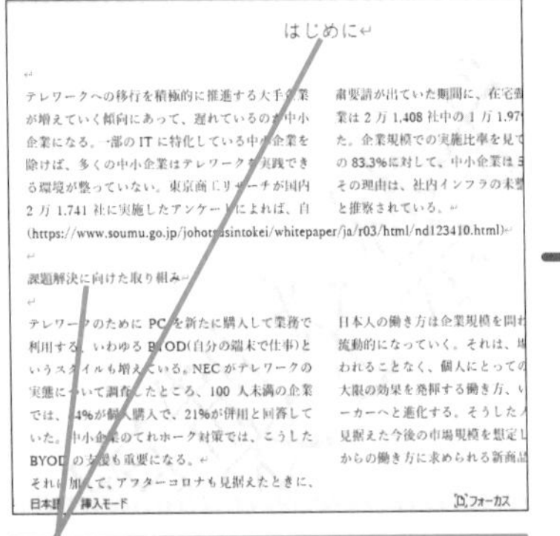

「はじめに」に設定された書式だけを、他の文字にも適用したい

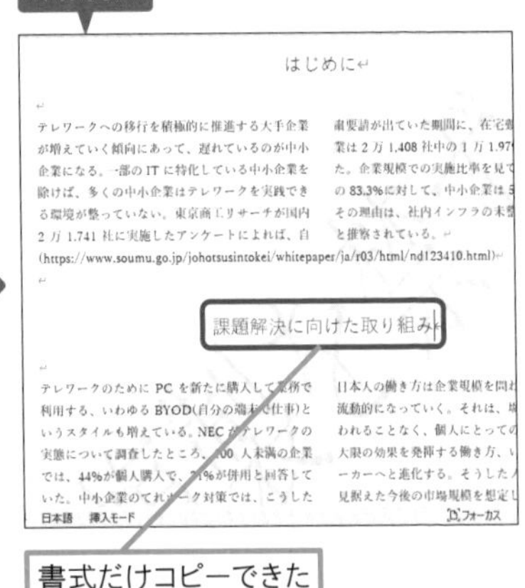

使いこなしのヒント

書式のコピーを連続して行うには

［書式のコピー/貼り付け］ボタン（🖌）をダブルクリックすると、コピーした書式を連続して貼り付けられます。機能を解除するには、［書式のコピー/貼り付け］ボタン（🖌）をもう一度クリックするか、Esc キーを押しましょう。

1 書式を他の文字に適用する

ここでは「はじめに」に設定された書式を、他の文字に適用する

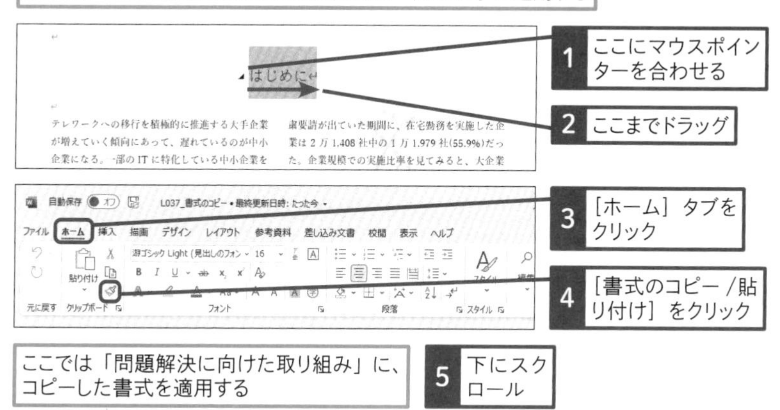

6 ここにマウスポインターを合わせる

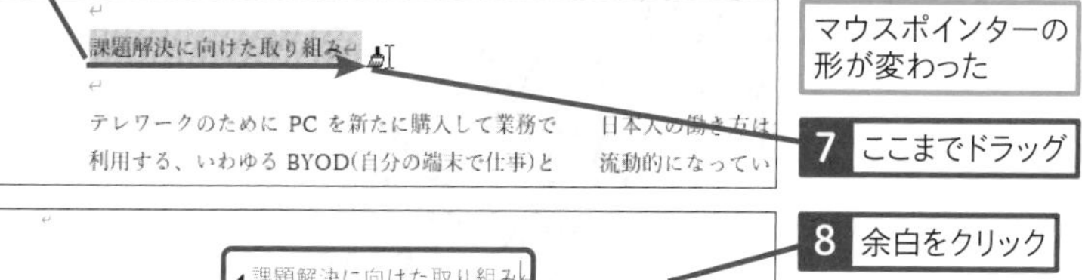

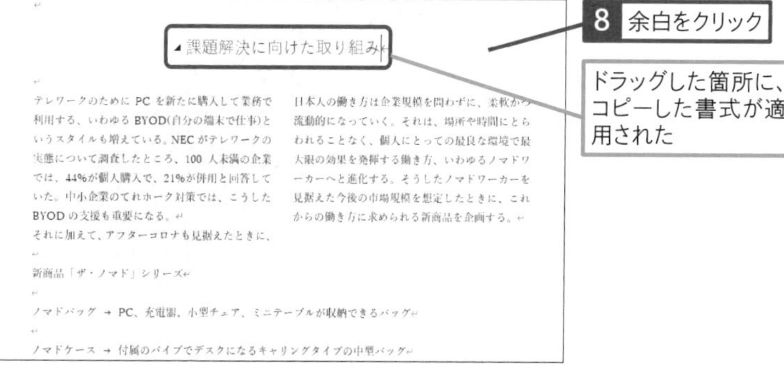

時短ワザ

よく使う書式はスタイルに登録する

フォントやサイズに色など、よく使う装飾があるときには、[書式のコピー/貼り付け]ではなく、スタイルとして登録しておくと便利です。

レッスン 38

文字と文字の間に「……」を入れるには

タブとリーダー　練習用ファイル　L038_タブとリーダー .docx

文字と文字の間に空白を挿入する方法にタブがあります。タブで区切られた空白は、リーダーを設定すると「……」などの記号に置き換えられます。メニューや項目の一覧などに利用すると便利です。

文字と文字の間に「……」を入れる

● タブで区切られている文字の間に「……」と入れる

Before　タブで区切られている文字と文字の間に「……」と入れたい

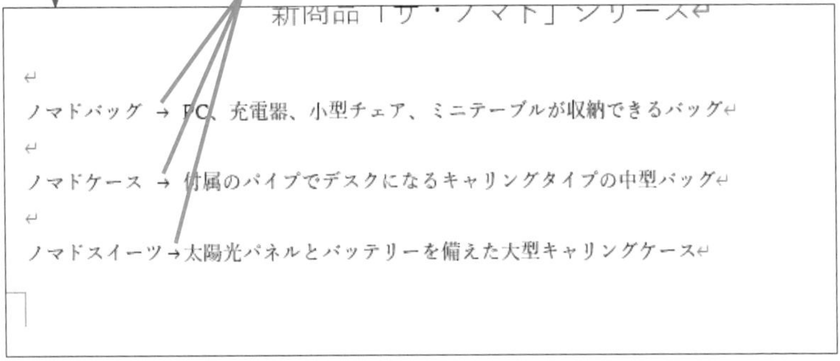

新商品「ザ・ノマド」シリーズ

ノマドバッグ → PC、充電器、小型チェア、ミニテーブルが収納できるバッグ

ノマドケース → 付属のパイプでデスクになるキャリングタイプの中型バッグ

ノマドスイーツ → 太陽光パネルとバッテリーを備えた大型キャリングケース

↓

After　タブで区切られている文字と文字の間に「……」と入れられた

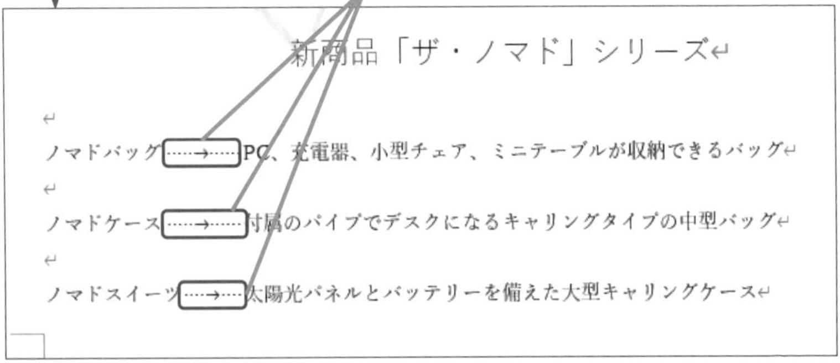

新商品「ザ・ノマド」シリーズ

ノマドバッグ……→……PC、充電器、小型チェア、ミニテーブルが収納できるバッグ

ノマドケース……→……付属のパイプでデスクになるキャリングタイプの中型バッグ

ノマドスイーツ……→……太陽光パネルとバッテリーを備えた大型キャリングケース

1 ルーラーを表示する

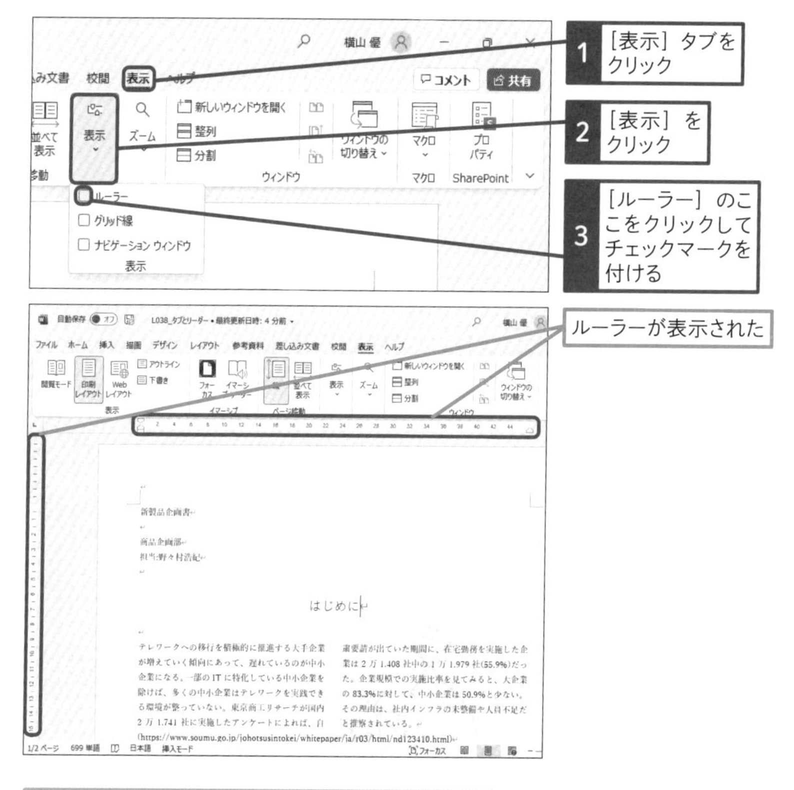

使いこなしのヒント

タブコードを表示するには

挿入したタブコードや隠れている編集記号をまとめて表示するには、[編集記号の表示/非表示] をクリックします。また、[Wordのオプション] で個々に設定した編集記号は、[編集記号の表示/非表示] がオフになっていても、常に表示されます。

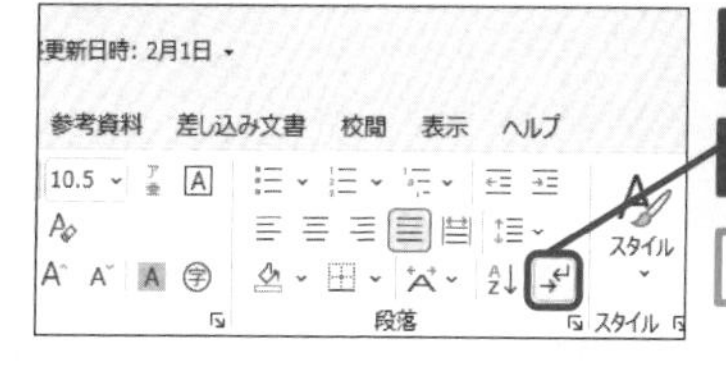

次のページに続く

2 タブの後ろの文字の先頭位置を揃える

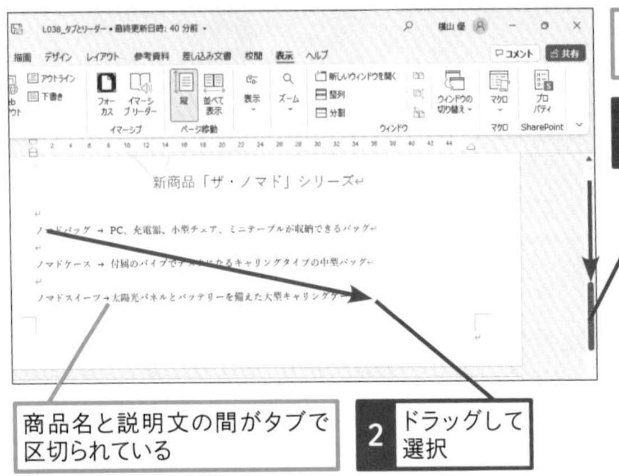

手順1を参考に、ルーラーを表示しておく

1 ここをドラッグして下にスクロール

商品名と説明文の間がタブで区切られている

2 ドラッグして選択

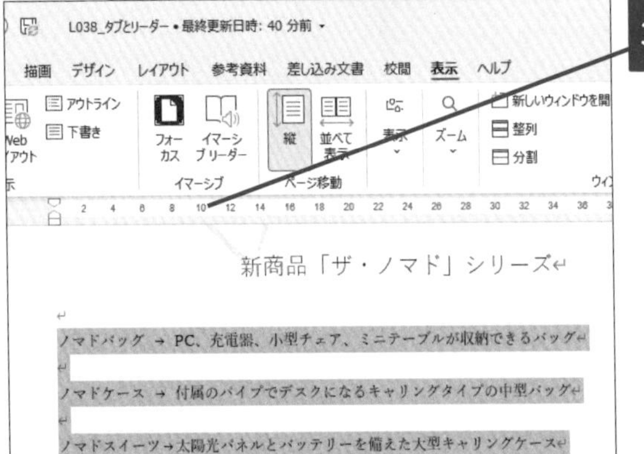

3 ルーラーの［10］の下をクリック

タブの後ろの文字の先頭位置が、ルーラーの［10］の位置に揃った

3 リーダーを挿入する

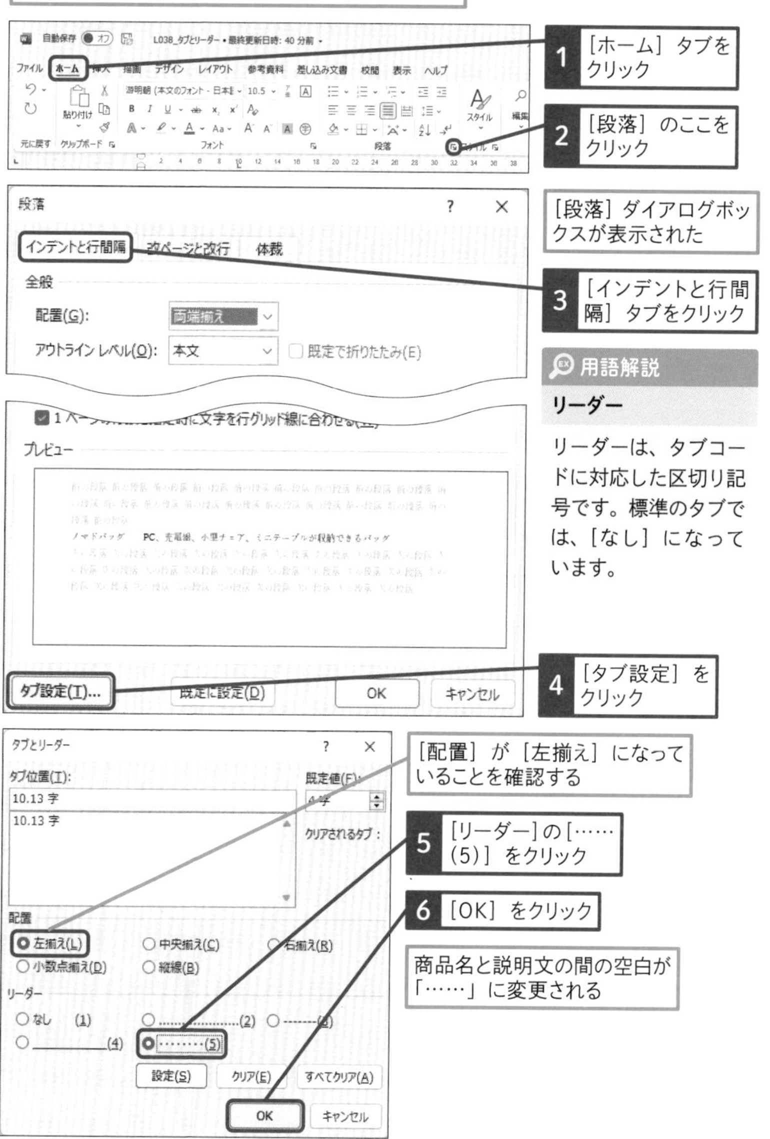

用語解説
リーダー

リーダーは、タブコードに対応した区切り記号です。標準のタブでは、［なし］になっています。

レッスン 39

複数のページに共通した情報を入れるには

ヘッダーの編集　練習用ファイル　L039_ヘッダーの編集.docx

複数のページに会社名やページ数に日付など、共通した内容を表示したいときには、ヘッダーやフッターを使うと便利です。ヘッダーとフッターは、文書の上下余白に、統一性のある情報を表示します。

ヘッダーを編集する

● ページの余白に文字を入れる

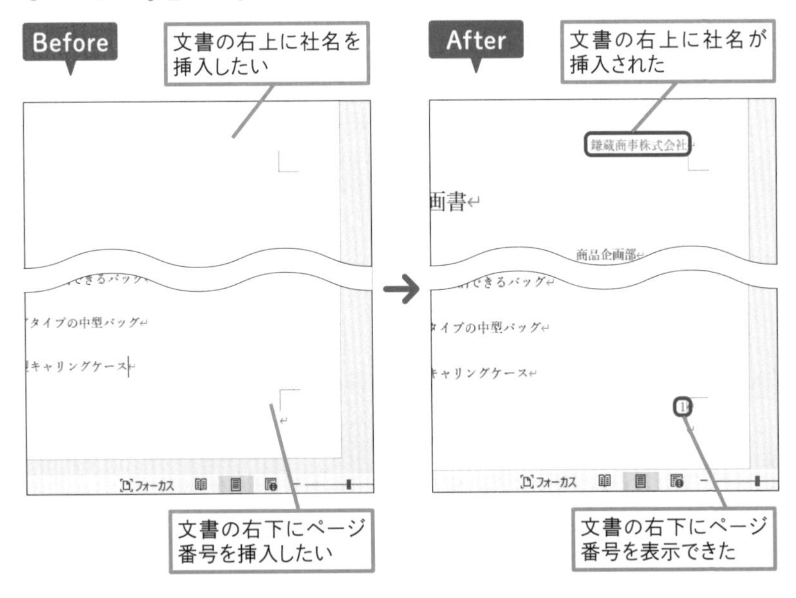

時短ワザ

ダブルクリックで編集を開始できる

ここではリボンの操作でヘッダーの編集を開始しますが、ページの上部余白をマウスでダブルクリックしても、編集を始められます。フッターも同様です。本文の編集領域のどこかをダブルクリックすると、ヘッダーやフッターの編集が終了して、編集領域が通常の表示に戻ります。

1 余白に文字を挿入する

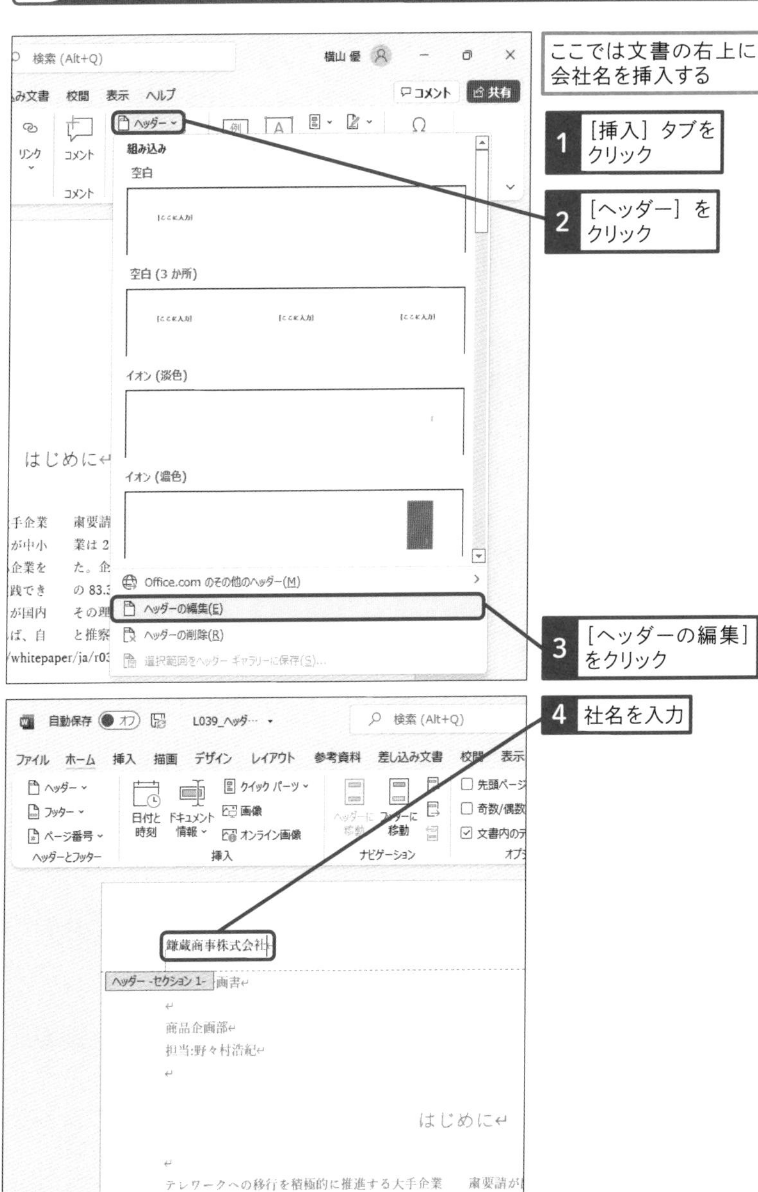

次のページに続く

● 文字を右に揃える

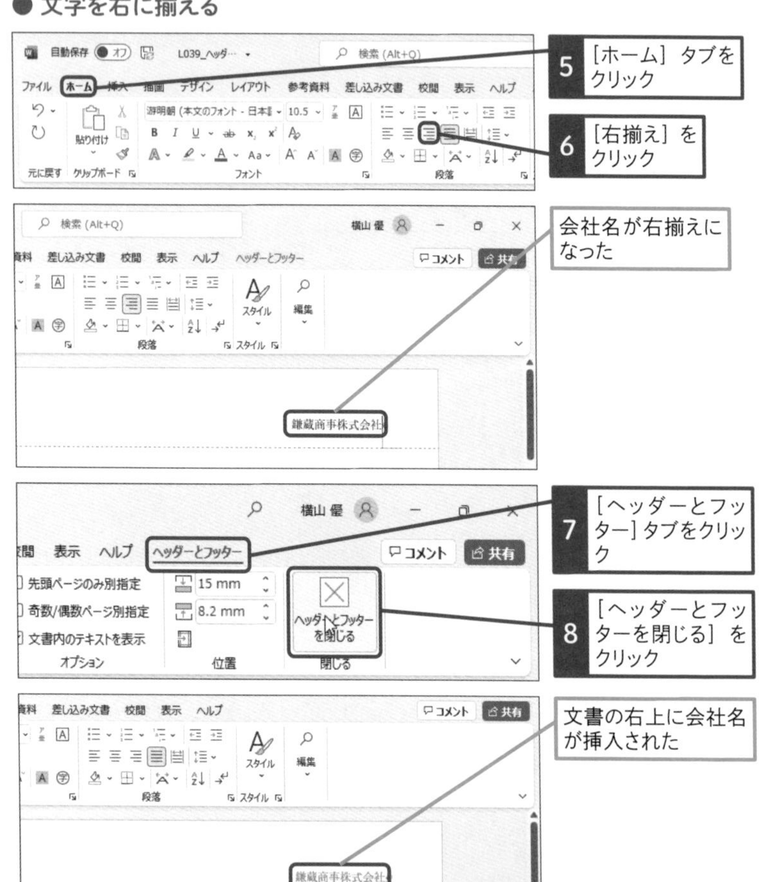

使いこなしのヒント

ヘッダーやフッターは余白の中に収める

ヘッダーやフッターには、何行でも文字や数字を入力できます。しかし、ヘッダーやフッターの行数が多くなると、編集画面は狭くなります。ヘッダーやフッターに入力する情報は、用紙に設定している上下余白の範囲内に収めましょう。

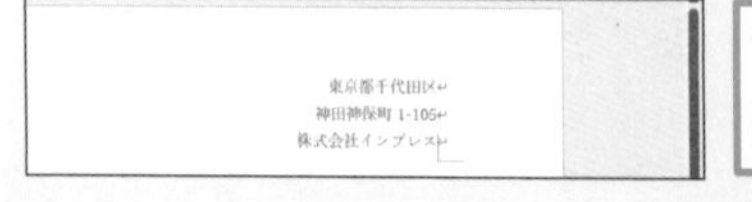

ヘッダーには複数行の文字を入力できるが、余白の範囲に収めるようにする

2 余白にページ番号を挿入する

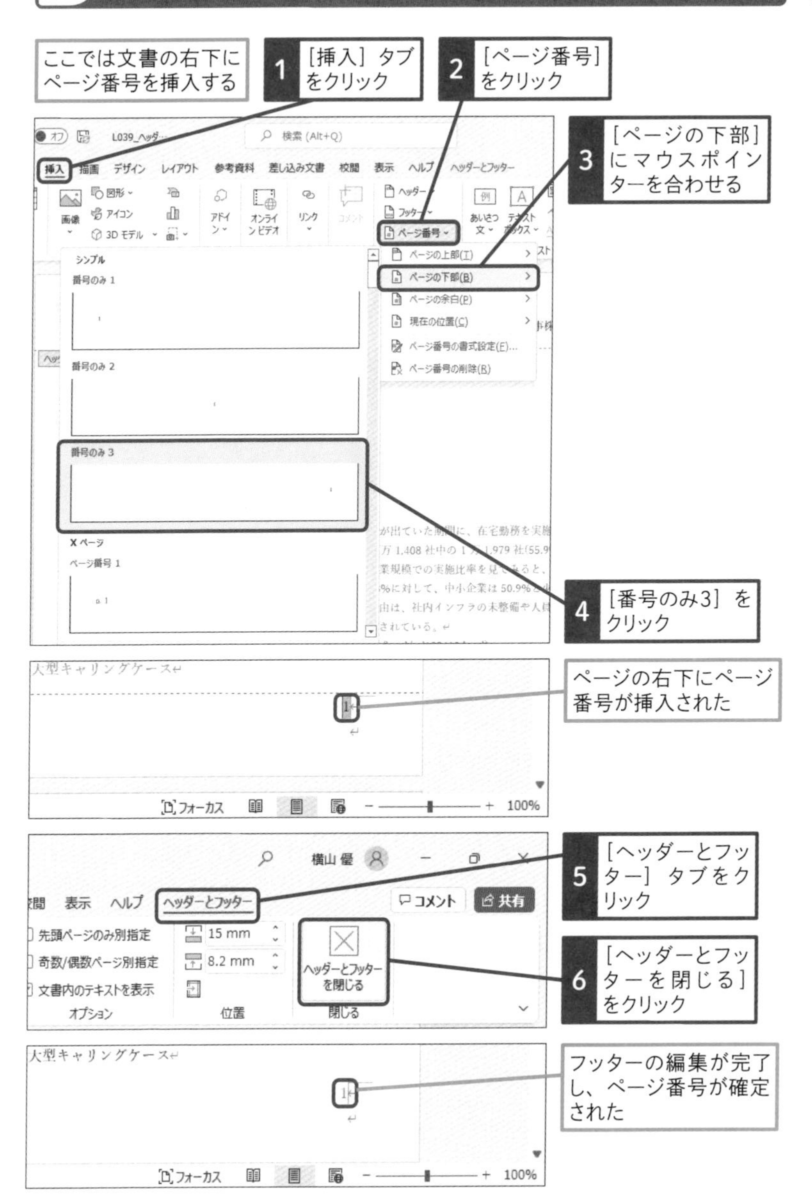

レッスン

40 段組みを活用するには

動画で見る

文字数　練習用ファイル　L040_文字数.docx

段組みによる文章のレイアウトは、段数だけではなく段と段の間隔を調整して、読みやすさを改善できます。また、ルーラーを表示しておくと、段の幅や段と段の間隔も視覚的に確認して、マウスのドラッグで調整できます。

段組みの文字数を設定する

Before

段と段の間が詰まっていて読みづらいので、1段の文字数を14文字に減らしたい

After

News Letter Vol.01

GoPro Karma 体験レポート

14文字ずつで改行するように設定された

使いこなしのヒント

段組みと文章を区切るセクション区切りとは

編集記号の表示をオンにしておくと、通常の文章と段組みされた文章の区切りに、セクション区切りという表示を確認できます。セクション区切りは、編集画面の中でレイアウトなどの設定を区別するための仕切りです。セクション区切りを削除してしまうと、段組みの位置がずれてしまいます。設定した段組みをずらさずに、前後の文章を編集したいときは、編集記号を表示して、セクション区切りを削除しないように注意しましょう。

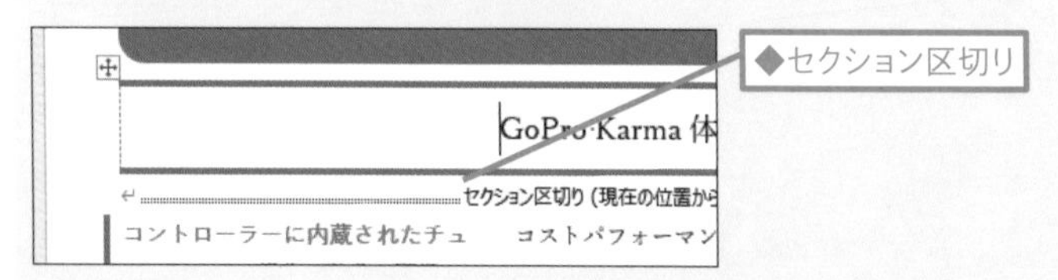

1 段組みを設定する

GoPro Karma 体験レポート

コントローラーに内蔵されたチュートリアルで操作は数分で習得

Karma 体験会の初日は、簡単なブリーフィングからスタートした。GoPro 社にとって、Karma とはどのようなドローンなのか、その設計コンセプトが紹介された。

コストパフォーマンスの高さを感じる。

製品の基本構成とコンセプトを理解したところで、体験会ではコントローラーを使ったチュートリアルが行われた。Karma を初めて飛行させるユーザーのために、コントローラーの中に仮想体験ソフト

いる。最初に使うときには、コントローラーと Karma のペアリングが行われる。Karma が認識されると、次にコンパスを補正するためのキャリブレーション作業を指示してくる。画面の案内にしたがって、Karma 本体を持って体を回転させると、キャリブレーションが完了

ここでは、タイトル部分をそのままにして、本文だけ3段組みに設定する

1 段組みが設定されている文字の先頭をクリック

カーソルより下の文章に段組みが設定される

2 ［レイアウト］タブをクリック

3 ［段組み］をクリック

4 ［段組みの詳細設定］をクリック

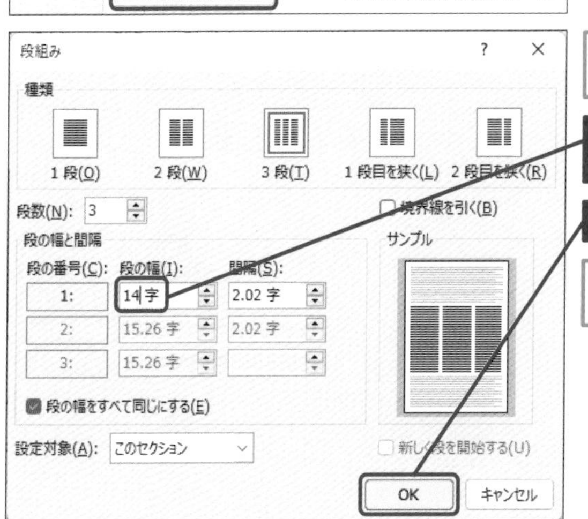

［段組み］ダイアログボックスが表示された

5 ［段の幅］に「14」と入力

6 ［OK］をクリック

1行14文字の3段組に設定される

レッスン

41 行間を調整するには

行間の調整　練習用ファイル　L041_行間の調整.docx

標準的なWordの文書では、行間隔が1.0に設定されています。1.0は上下の文章が重ならない間隔になります。長い文章では、行間隔が狭いと読みにくくなります。そのときには、行間隔を調整して上下の行間に隙間が空くようにしましょう。

文章の行間を広げる

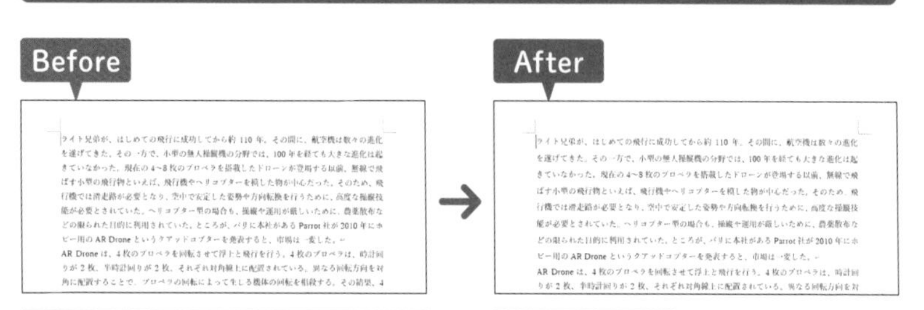

行間が詰まって読みづらいので、行間を広げたい

行間が広がった

使いこなしのヒント

行間を数値で設定する

行間隔は、1.0から3.0までの数値を選ぶだけではなく、行間のオプションから任意の数値を設定できます。既定値の行間では、文章の読みにくさが改善されないときには、数値を調整してみましょう。

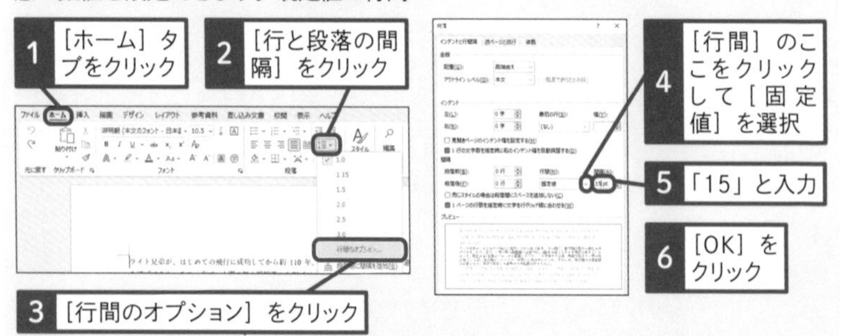

1 行間を広げる

ライト兄弟が、はじめての飛行に成功してから約 110 年。その間に、航空機は数々の進化を遂げてきた。その一方で、小型の無人操縦機の分野では、100 年を経ても大きな進化は起きていなかった。現在の 4~8 枚のプロペラを搭載したドローンが登場する以前、無線で飛ばす小型の飛行物といえば、飛行機やヘリコプターを模した物が中心だった。そのため、飛行機では滑走路が必要となり、空中で安定した姿勢や方向転換を行うために、高度な操縦技能が必要とされていた。ヘリコプター型の場合も、操縦や運用が厳しいために、農薬散布などの限られた目的に利用されていた。ところが、パリに本社がある Parrot 社が 2010 年にホビー用の AR Drone というクアッドコプターを発表すると、市場は一変した。↵
AR Drone は、4 枚のプロペラを回転させて浮上と飛行を行う。4 枚のプロペラは、時計回りが 2 枚、半時計回りが 2 枚、それぞれ対角線上に配置されている。異なる回転方向を対角に配置することで、プロペラの回転によって生じる機体の回転を相殺する。その結果、4 枚のプロペラの回転数を同時に上げていけば、浮力が得られる。↵

行間が詰まっていて読みづらい

ここでは行間を広げる

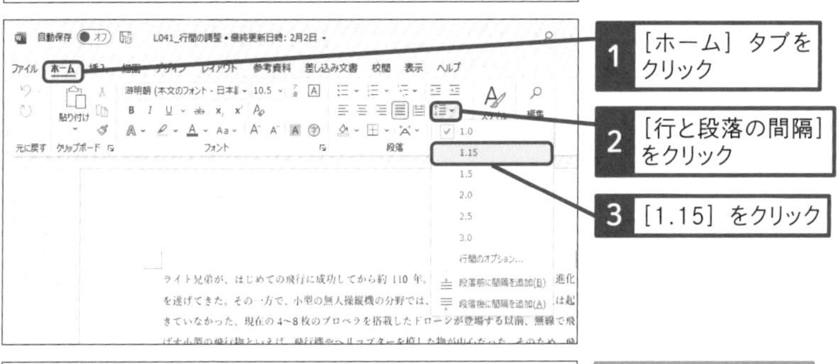

ライト兄弟が、はじめての飛行に成功してから約 110 年。その間に、航空機は数々の進化を遂げてきた。その一方で、小型の無人操縦機の分野では、100 年を経ても大きな進化は起きていなかった。現在の 4~8 枚のプロペラを搭載したドローンが登場する以前、無線で飛ばす小型の飛行物といえば、飛行機やヘリコプターを模した物が中心だった。そのため、飛行機では滑走路が必要となり、空中で安定した姿勢や方向転換を行うために、高度な操縦技能が必要とされていた。ヘリコプター型の場合も、操縦や運用が厳しいために、農薬散布などの限られた目的に利用されていた。ところが、パリに本社がある Parrot 社が 2010 年にホビー用の AR Drone というクアッドコプターを発表すると、市場は一変した。↵
AR Drone は、4 枚のプロペラを回転させて浮上と飛行を行う。4 枚のプロペラは、時計回りが 2 枚、半時計回りが 2 枚、それぞれ対角線上に配置されている。異なる回転方向を対角に配置することで、プロペラの回転によって生じる機体の回転を相殺する。その結果、4 枚のプロペラの回転数を同時に上げていけば、浮力が得られる。↵
そして、均等に回転しているプロペラの回転数を一部だけ変化させると、機体を傾けることが可能になり、その傾きを利用して方向転換や姿勢制御を行う。プロペラで浮上するといえ

日本語　挿入モード　フォーカス

行間が広がって読みやすくなった

使いこなしのヒント

文章全体の行間を調整するには

レッスンでは文章の一部の行間を調整しています。文書全体の行間を調整するには、文章をCtrl+Aキーなどですべて選択してから、行間を設定します。また、最初から行間を空けた文章を入力したいときには、文書の1行目に行間を設定しておきましょう。

レッスン
42 ページにアイコンを挿入するには

アイコン　練習用ファイル　L042_アイコン.docx

編集画面には、文字や画像の他にアイコンと呼ばれる絵柄も挿入できます。文書のアクセントとしてアイコンを挿入すると、強調したい情報への注目度を高めたり、文字だけでは単調になりがちなレイアウトにメリハリを演出したりできます。

ページにアイコンを挿入する

Before

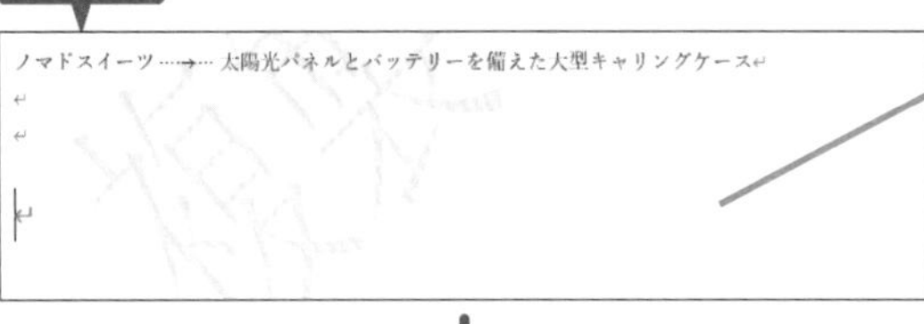

余白に何かビジュアル要素を入れたい

After

アイコンを入れられた

使いこなしのヒント

アイコンはキーワードで検索できる

アイコンは、一覧表示から選ぶ方法の他に、キーワードを使って検索できます。使いたいアイコンが見つからないときには、検索でいろいろなアイコンを探してみましょう。

1 アイコンを挿入する

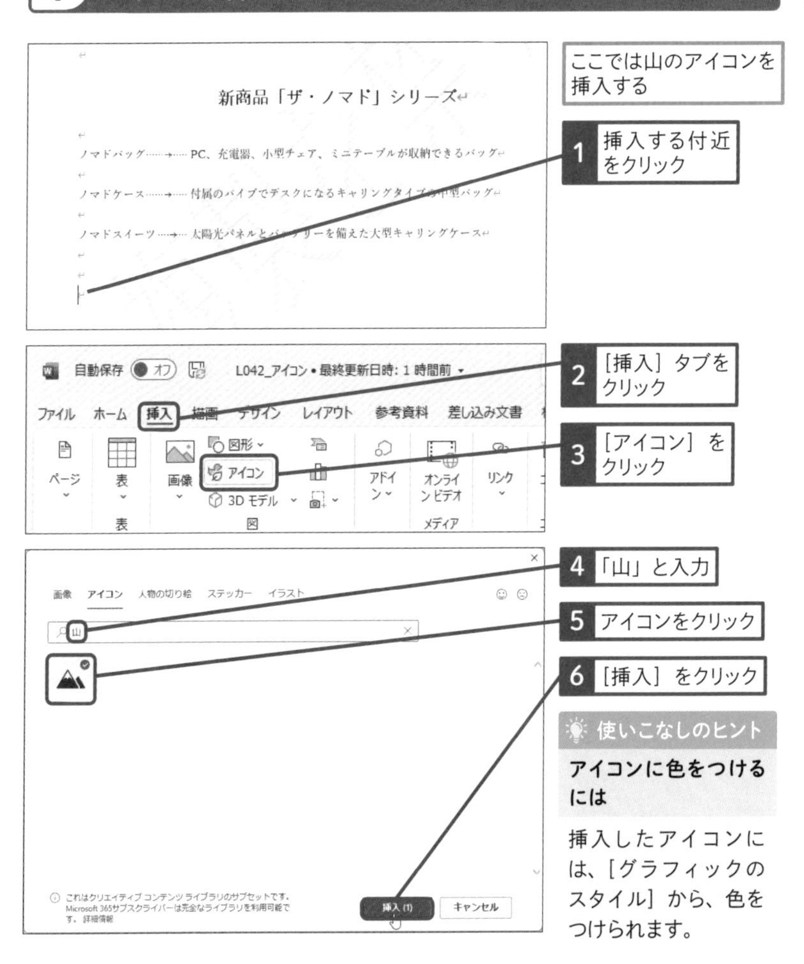

使いこなしのヒント

アイコンに色をつけるには

挿入したアイコンには、[グラフィックのスタイル] から、色をつけられます。

⚠ ここに注意

アイコンの種類は、Word 2021とMicrosoft 365で利用できる範囲が異なります。Microsoft 365では、挿入できる [画像] の中に [ストック画像] という項目があり、この中からもアイコンを検索できます。ストック画像は、定期的に更新されるので、Word 2021よりも使える絵柄などが多くなります。

次のページに続く ➡

2 アイコンを拡大する

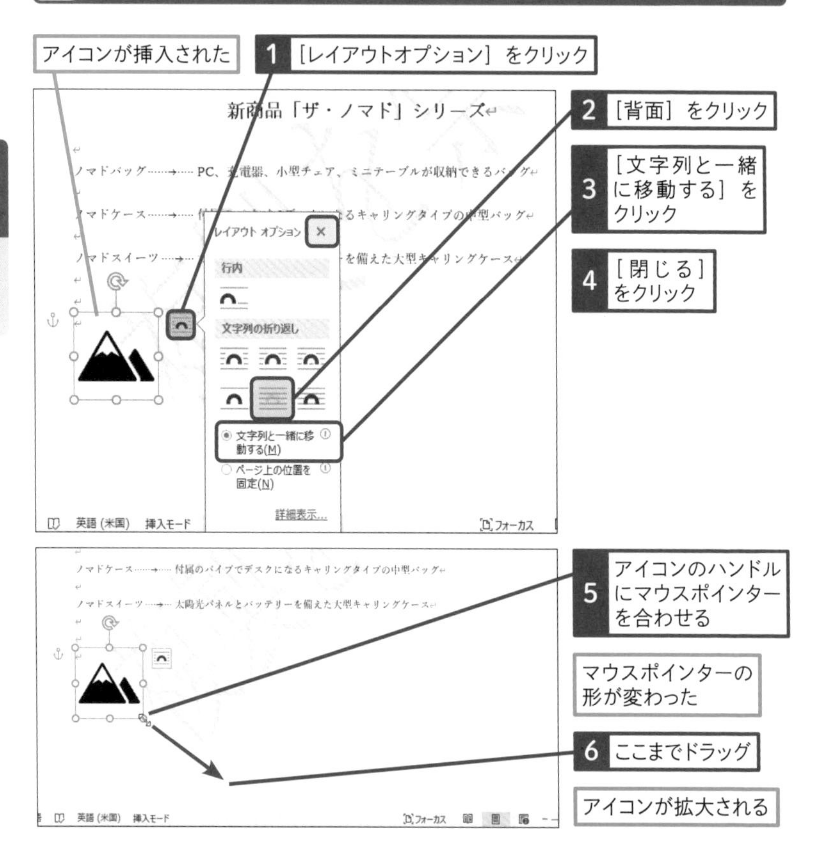

使いこなしのヒント

イカリ型のマークに注目しよう

レイアウトオプションでアイコンのレイアウト方法を[行内]以外に変更すると、アイコンを選択したときに⚓のマークが表示されるようになります。この⚓は、文字ではなく図形として編集画面にレイアウトされるようになったアイコンが、どこを起点にしているかを示す印です。起点となる行よりも上から文章などを挿入すると、行の移動に合わせてアイコンも移動します。もし、文字を編集してもアイコンを移動させたくないときには、レイアウトオプションで[ページ上の位置を固定]に変更します。また、⚓を含む行の文字をまとめて削除すると、アイコンも一緒に削除されます。

3 アイコンを移動する

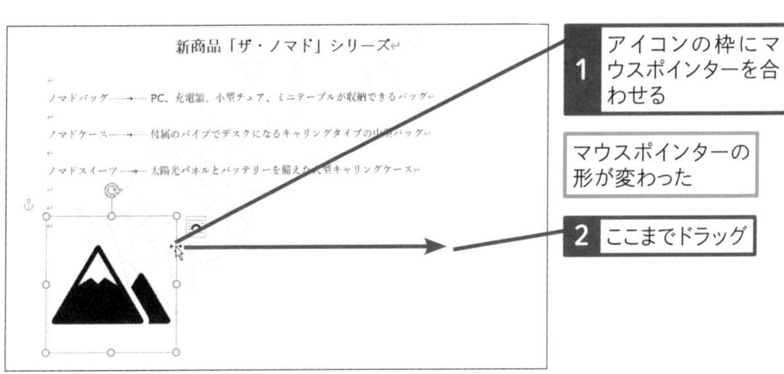

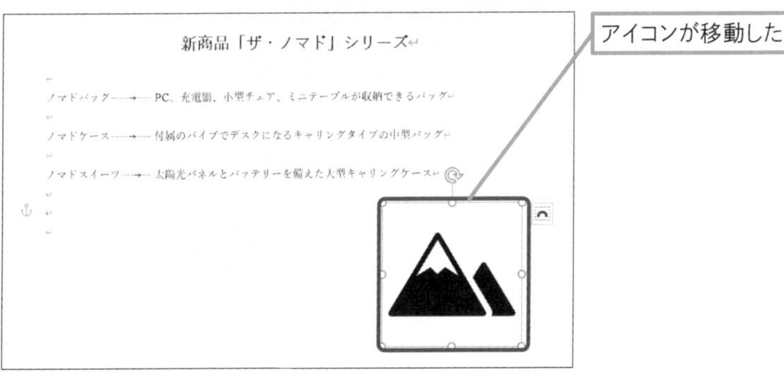

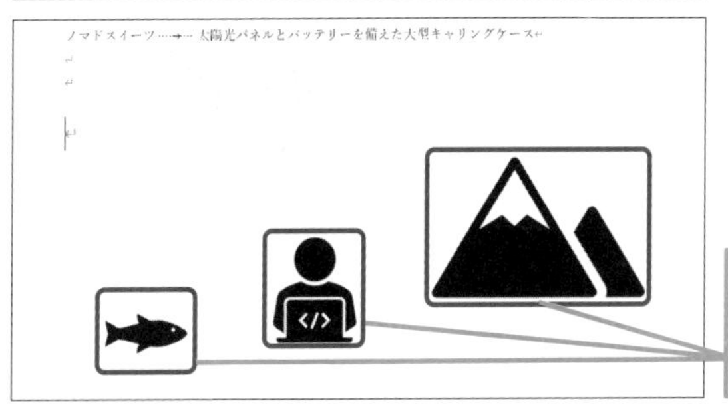

手順1 ～ 3を参考に、他のアイコンを挿入して、大きさや位置を調整する

使いこなしのヒント

アイコンの向きや角度を変えるには

［グラフィック形式］の［回転］で、アイコンの上下左右を反転できます。絵柄の向く方向を変えたり、逆さまの図柄で使ったりするときに利用すると便利です。

レッスン
43 ルーラーの使い方を覚えよう

ルーラーとインデント　練習用ファイル　L043_ルーラーとインデント.docx

ルーラーは、編集画面に設定されている文章のレイアウトを確認したり変更したりするために利用する定規のような機能です。文章の左右寄せや字下げなどを思い通りに操作するためには、ルーラーの表示と操作は必須です。

ルーラーを利用してインデントを設定する

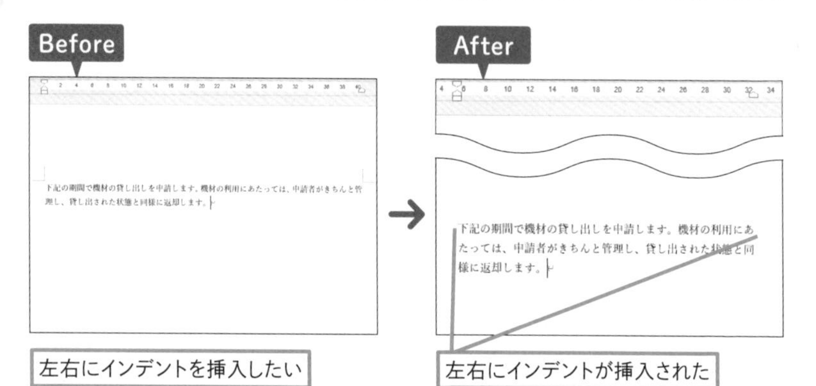

使いこなしのヒント

［段落］ダイアログボックスでさまざまな設定ができる

［段落］ダイアログボックスを開くと、ルーラーに設定されているインデントや字下げの内容を正確な数値で確認できます。また、このダイアログボックスでは、インデントを20mmなど正確な数値で入力できます。

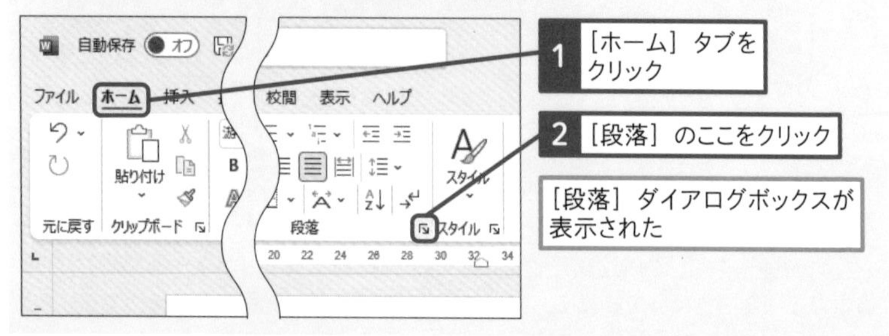

ルーラーを使用するメリット

ルーラーを使うと、字下げや文字寄せに左右余白などの設定をマウスだけで操作できるようになります。また、設定されているレイアウトの条件を視覚的に確認できます。

● ルーラーを使用したレイアウト

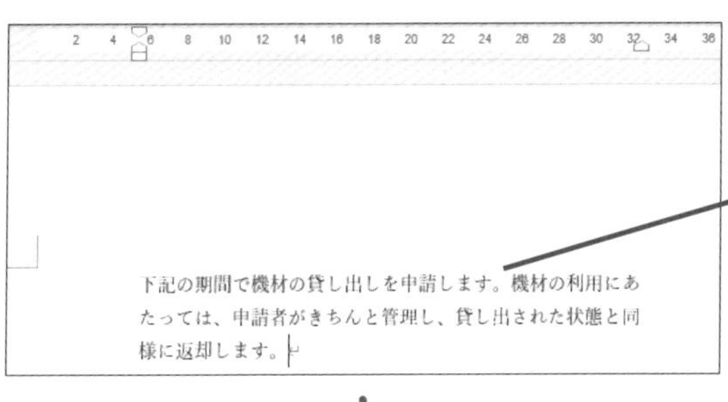

左ルーラーと右ルーラーで、文字の左右をレイアウトしている

1 「機材」の前に「また、」と入力する

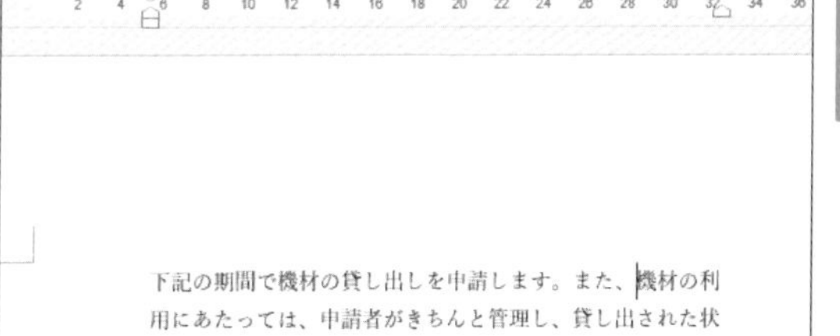

左右の幅が一定なので、内容を修正してもレイアウトが崩れない

● スペースと改行を使用したレイアウト

□□□□□□下記の期間で機材の貸し出しを申請します。機材の利用に↵
□□□□□□あたっては、申請者がきちんと管理し、貸し出された状態↵
□□□□□□と同様に返却します。↵
↵
↵

スペースと改行で強引にレイアウトしている

1 「機材」の前に「また、」と入力する

□□□□□□下記の期間で機材の貸し出しを申請します。また、機材の利用に↵
□□□□□□あたっては、申請者がきちんと管理し、貸し出された状態↵
□□□□□□と同様に返却します。↵
↵
↵

右にまだ入力できるスペースがあるので、右が揃わずレイアウトが崩れた

次のページに続く➡

1 ルーラーでインデントを挿入する

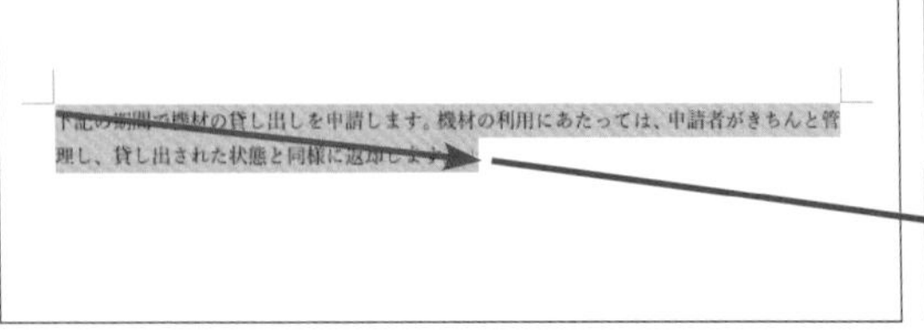

レッスン38を参考に、ルーラーを表示しておく

1 インデントを挿入する文章をドラッグで選択

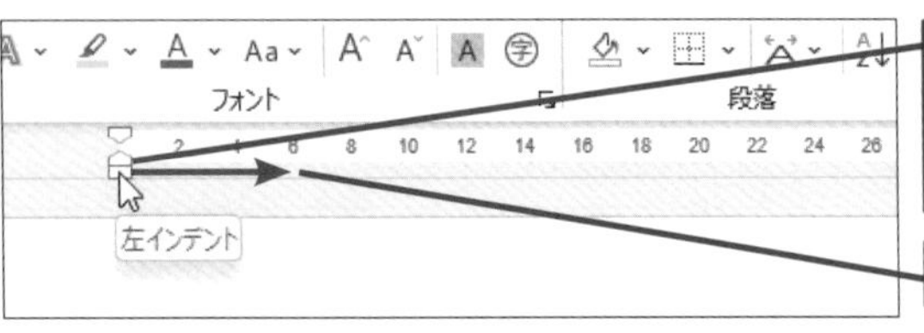

2 ［左インデント］と表示されるところにマウスポインターを合わせる

3 右にドラッグ

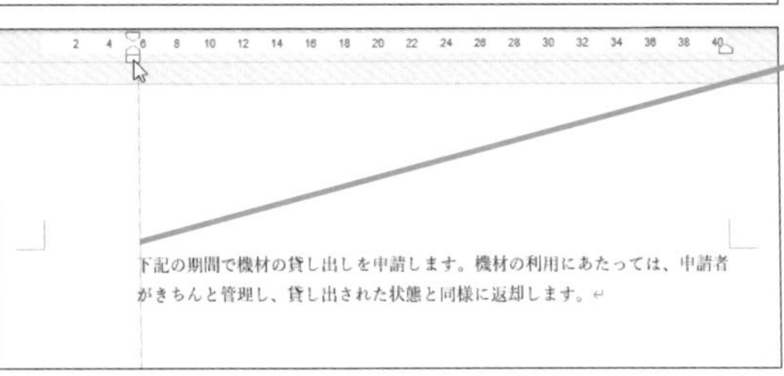

点線の位置に文章の左側が揃う

● 右インデントを挿入する

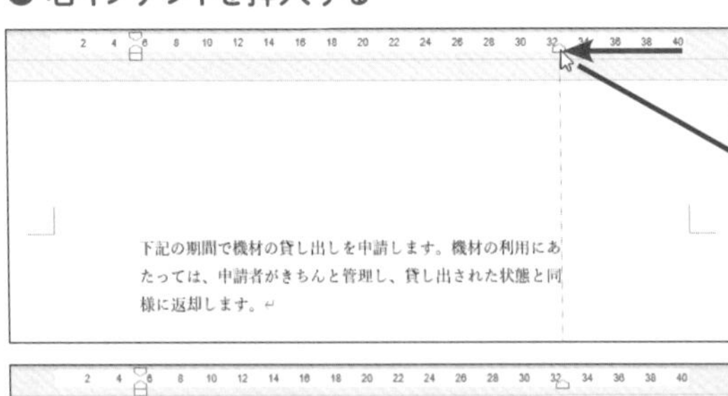

同様の手順で右インデントを設定する

4 ［右インデント］を左にドラッグ

下記の期間で機材の貸し出しを申請します。機材の利用にあたっては、申請者がきちんと管理し、貸し出された状態と同様に返却します。

左右にインデントが挿入された

使いこなしのヒント

ルーラーの画面を確認しよう

ルーラーには、レイアウトの目安となる文字数のゲージと、左右インデントを意味する記号が表示されています。それぞれの表示の意味は次のようになります。

レッスン38を参考に、ルーラーを表示しておく

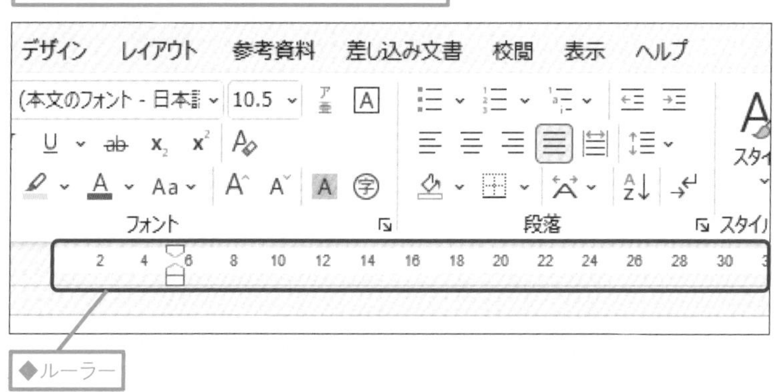

◆右インデント

段落　スタイル

6 8 10 12 14 16 18 20 22 24 26 28 30 32

●インデントの種類と意味

インデントの種類	意味
右インデント	右側に文字をレイアウトする幅を決めます
左インデント	左側に文字をレイアウトする幅を決めます
字下げ	一行目の文章だけ左インデントの位置よりも右に文章をレイアウトします
ぶら下げ	一行目の文章だけ左インデントの位置よりも左に文章をレイアウトします

レッスン
44 インデントを使って字下げを変更するには

字下げの変更　練習用ファイル　手順見出しを参照

字下げはリボンにあるインデントの増減ボタンで、1文字ずつ調整できますが、ルーラーを使うとマウスの操作だけで任意の位置に変更できます。また、複数の段落にも、ルーラーならばまとめてインデントを設定できます。

文頭を1文字下げる

Before

Word は、日本でも多くのユーザーが活用して
的は人それぞれですが、企画書や契約書、レポ

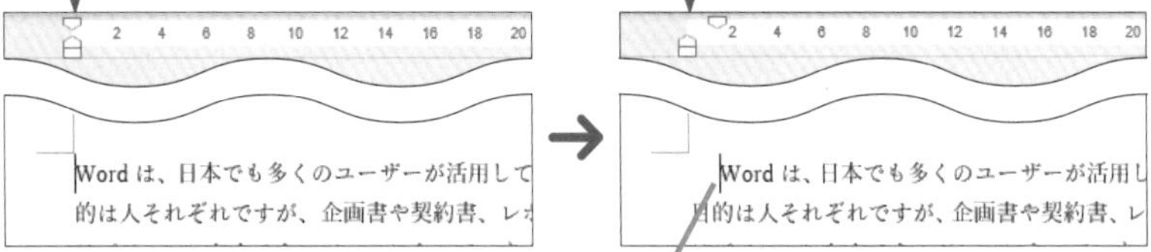

文頭を1文字下げたい

After

Word は、日本でも多くのユーザーが活用し
目的は人それぞれですが、企画書や契約書、レ

[1行目のインデント] で文頭を1文字下げることができた

1 文頭を1文字だけ字下げする

L044_字下げの変更_01.docx

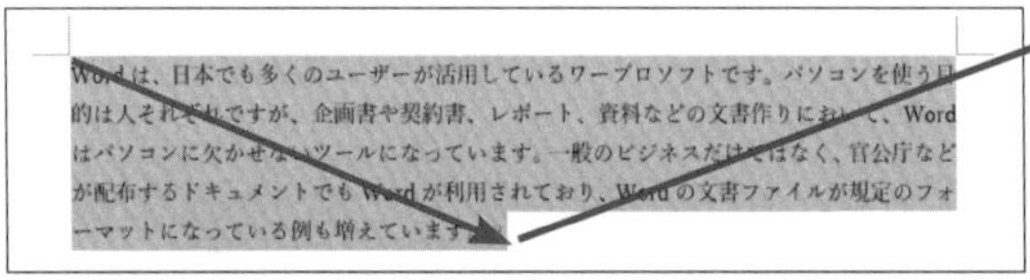

Word は、日本でも多くのユーザーが活用しているワープロソフトです。パソコンを使う目的は人それぞれですが、企画書や契約書、レポート、資料などの文書作りにおいて、Word はパソコンに欠かせないツールになっています。一般のビジネスだけではなく、官公庁などが配布するドキュメントでも Word が利用されており、Word の文書ファイルが規定のフォーマットになっている例も増えています。

1 文字をドラッグして選択

使いこなしのヒント

行頭のスペースには空白を利用しない

インデントによる字下げの方法を知らないと、行頭の1文字を下げるために、スペースバーで空白を挿入してしまいます。空白による字下げは、1文字程度であれば、それほどレイアウトに影響は与えませんが、文章を右に寄せるために空白をいくつも挿入してしまうと、後から文章を修正したときに、空白による再調整が必要になります。文章の字下げは、空白で調整しないで、ルーラーの左インデントを組み合わせて、左側の位置を決めましょう。

● インデントを実行する

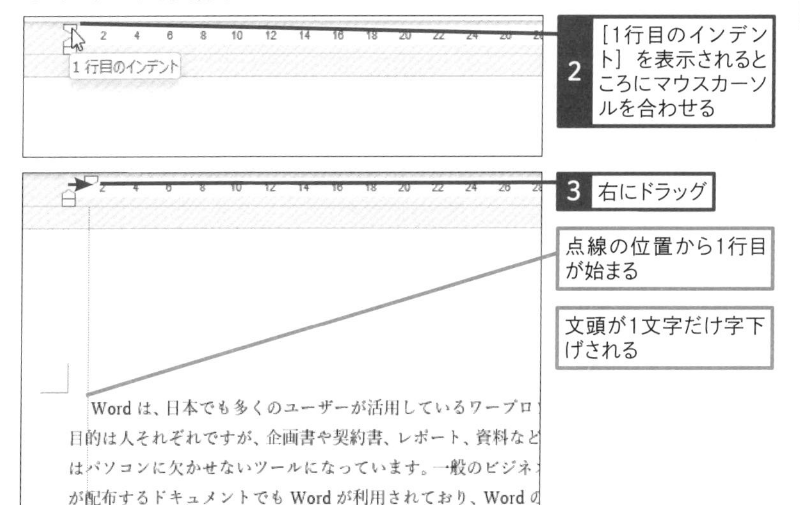

1行目と文章全体のインデントを設定する

Before

文頭の「そんな」だけ左にぶら下げたい

そんな Word が日本に本格的に普及したのは、今から 20 年以上も前の 1995 年からです。日本で Windows が普及すると、その Windows で利用できるワープロソフトとして、Word は広く使われてきました。あるいは、Word を使うために Windows を導入した企業も多くありました。そして、本書で解説している Word 2016 は、Windows 10 だけではなく、Windows 8.1/8 や Windows 7 でも利用できるワープロソフトとして、現在でも多くの人に活用されています。

文章全体を左に寄せたい

After

［1行目のインデント］で文字をぶら下げることができた

そんな Word が日本に本格的に普及したのは、今から 20 年以上も前の 1995 年からです。日本で Windows が普及すると、その Windows で利用できるワープロソフトとして、Word は広く使われてきました。あるいは、Word を使うために Windows を導入した企業も多くありました。そして、本書で解説している Word 2016 は、Windows 10 だけではなく、Windows 8.1/8 や Windows 7 でも利用できるワープロソフトとして、現在でも多くの人に活用されています。

文章全体のインデントが変更された

次のページに続く ➡

2 ぶら下げインデントを設定する

L044_字下げの変更_02.docx

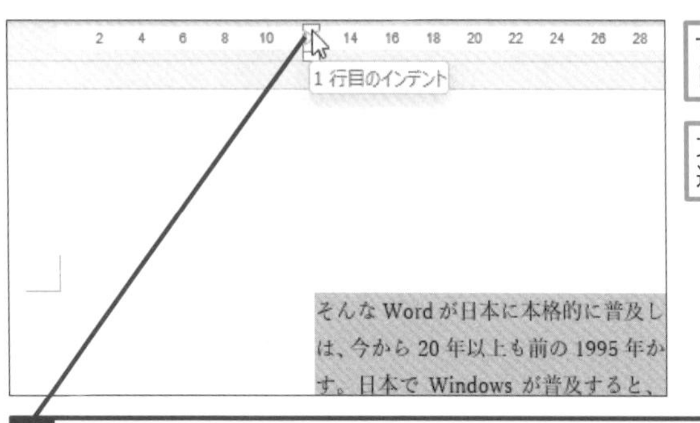

すでに左右にインデントが挿入されている

文章をドラッグして選択しておく

1 ［1行目のインデント］を表示されるところにマウスカーソルを合わせる

2 左にドラッグ

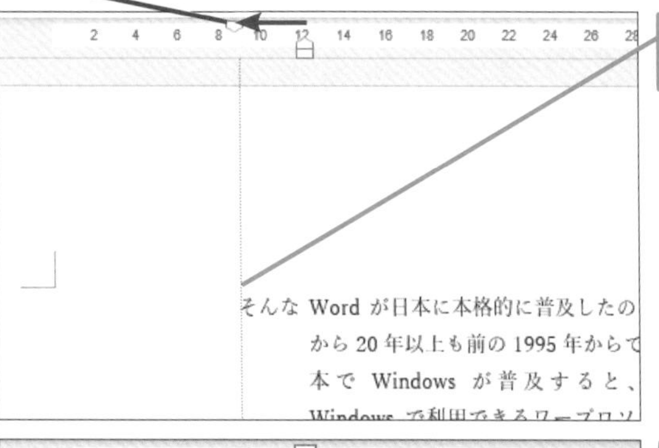

点線の位置から1行目が始まる

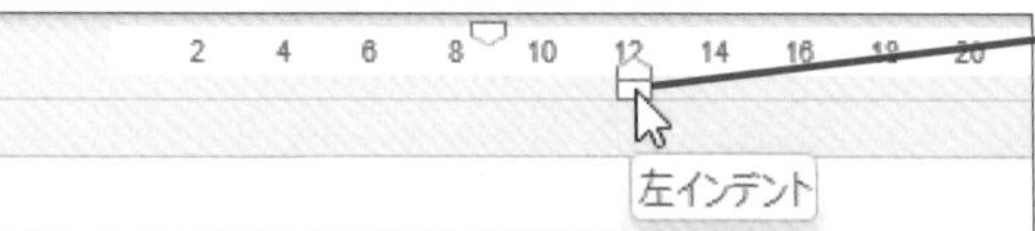

3 ［左インデント］を表示されるところにマウスカーソルを合わせる

使いこなしのヒント

文章の右寄せは改行で調整しないように注意する

Wordのインデントによる右側の文字寄せに慣れていないと、一行の長さを短くするために文章の途中で改行して調整してしまいます。文章の途中で改行を挿入すると、インデントによる文字寄せが機能しなくなるだけではなく、後から文章を修正したときに、右端がずれてしまいます。文章の右寄せは改行で調整しないで、ルーラーに表示したインデントで幅を狭くするようにしましょう。

● インデントを設定する

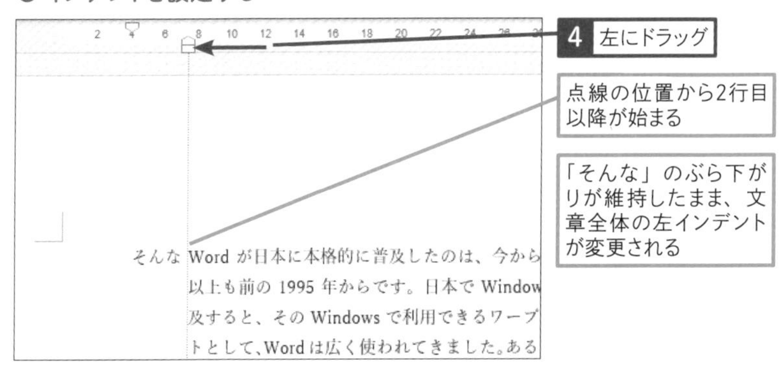

タブ位置を設定する

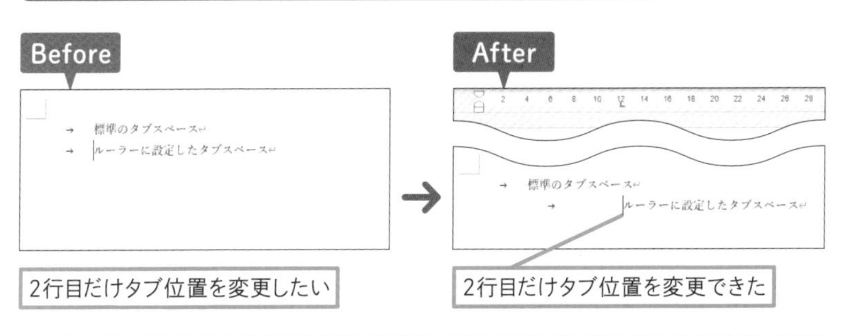

3 ルーラーでタブ位置を設定する

L044_字下げの変更_03.docx

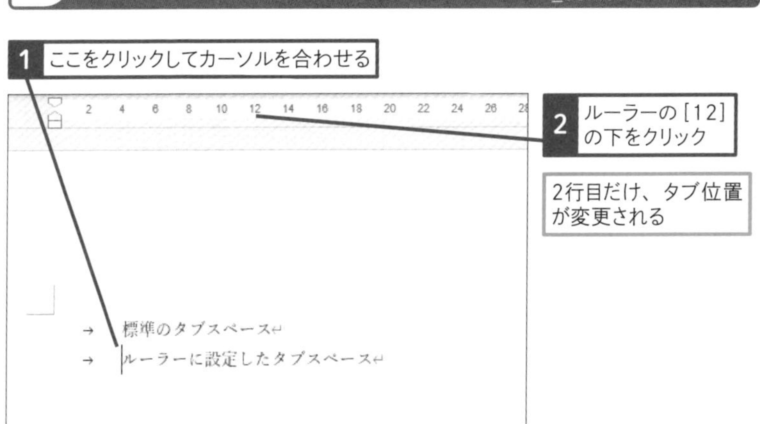

スキルアップ

ヘッダーにロゴを挿入するには

ヘッダーやフッターには、文字だけではなく会社のロゴのような画像データも挿入できます。また、図形も挿入できます。ヘッダーやフッターに直接作画してもいいですし、編集画面で作成した図形をコピーして、ヘッダーやフッターに貼り付けてもいいでしょう。

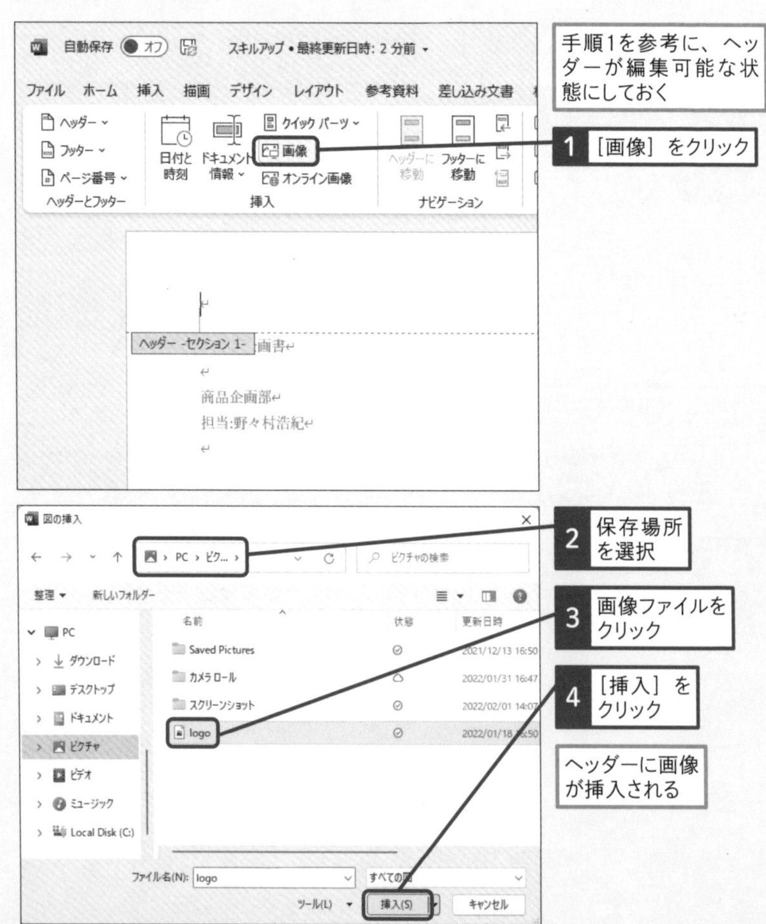

活用編

第8章

もっとWordを使いこなそう

Wordをもっと便利に使いこなすために、この章では音声入力や翻訳、文書の安全性を高める方法など、踏み込んだ機能や活用テクニックを紹介します。効率の良い入力から文書をPDF形式で保存する方法や共同作業に効果的な校正やコメントなど、ビジネスでWordを活用する秘訣の数々を解説します。

レッスン

45 音声で入力するには

音声入力　練習用ファイル　なし

Windows 11の音声入力を使って、Wordでは文章を「声」で入力できます。キーボードの操作に不慣れでも、声にするだけで編集画面に文字を入力できるので、文書作成の効率が大きく向上します。

音声で文字を入力する

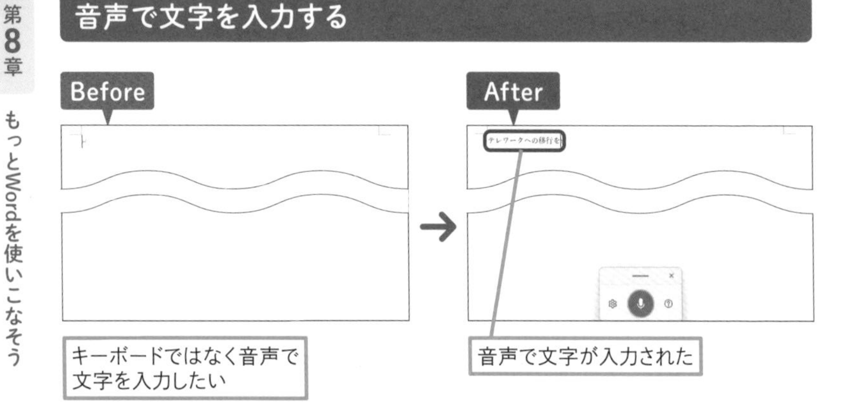

使いこなしのヒント

Microsoft 365の場合は「ディクテーション」ツールが使える

レッスンの画面では、Word 2021を例に解説しています。もし、Microsoft 365のWordを使っているときには、W+Hキーではなく、リボンにある［ディクテーション］から、音声入力を開始できます。

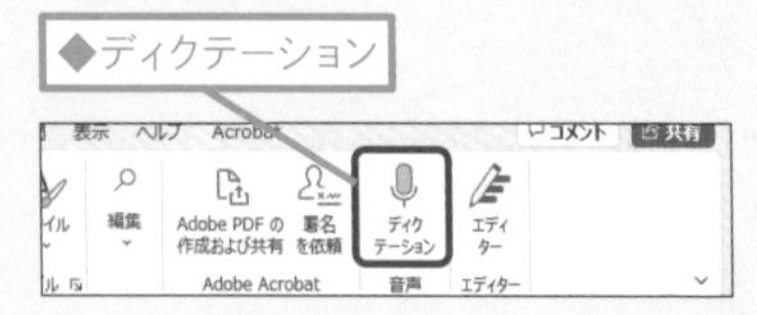

使いこなしのヒント

スマートフォンなどで音声入力するには

スマートフォンにWordのアプリをインストールすると、スマートフォンの音声入力を利用できます。スマートフォンで音声入力したドキュメントは、Microsoftアカウントで OneDriveに保存した文書ファイルと連携すると、パソコンのWordでも利用できます。

1 音声で入力する

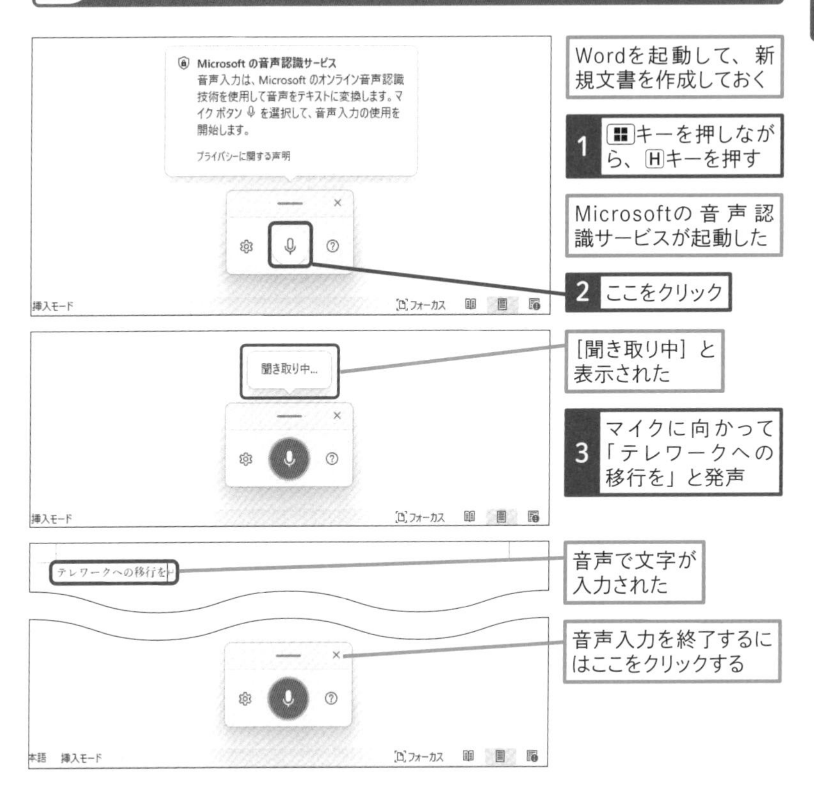

使いこなしのヒント

長い文章を音声入力するときには

長い文章を音声入力しようとすると、途中で途切れてしまうことがあります。そのときには、音声入力の［設定］で、句読点の自動挿入をオンにしましょう。

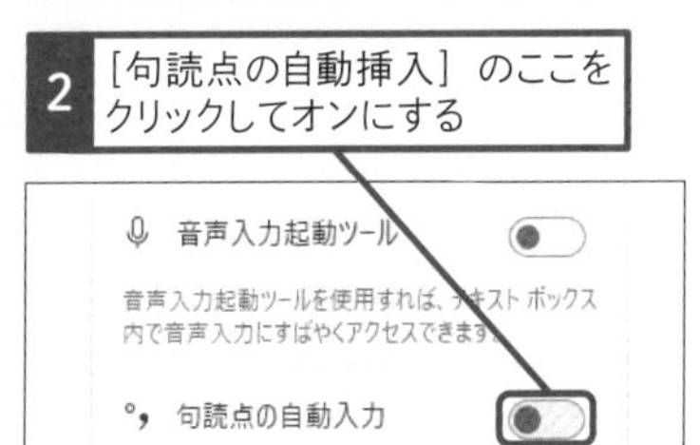

レッスン

46 文書を翻訳するには

動画で見る

翻訳　練習用ファイル　L046_翻訳.docx

Wordの翻訳機能を使うと、日本語の文章を英語などの他言語に翻訳できます。翻訳には、クラウドベースのニューラル機械翻訳サービスが利用されるので、パソコンをインターネットに接続しておきましょう。

日本語を英語に翻訳する

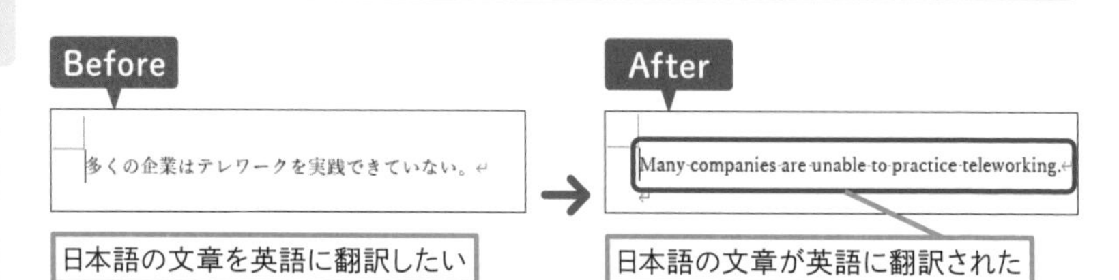

使いこなしのヒント

文書全体を翻訳するには

翻訳する範囲は、あらかじめ選択した文章と文書全体を選べます。完成している文書をまとめて翻訳したいときには、以下の手順で［ドキュメントの翻訳］を使います。ドキュメントの翻訳を実行すると、元の文書はそのままで、翻訳された新しい文書が自動的に作成されます。

手順1の操作3までを実行しておく

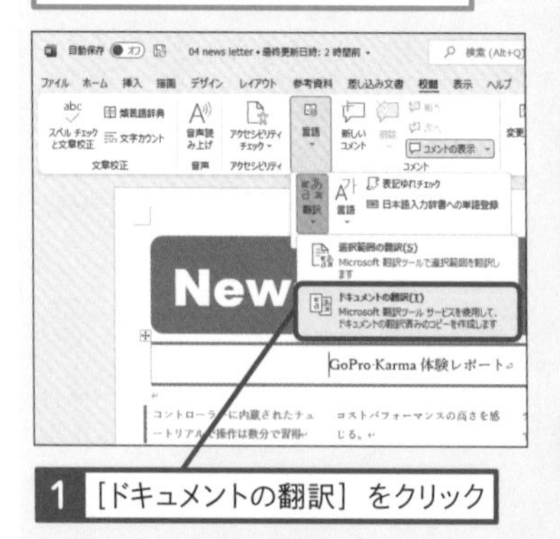

2 ここととここをクリックして、翻訳元と翻訳先の言語を選択

翻訳ツール
選択範囲　ドキュメント
Microsoft 翻訳ツール サービスを使用して、このドキュメントの翻訳済みのコピーを作成します。
翻訳元の言語 日本語
翻訳先の言語 英語
常にこの言語に翻訳する
翻訳

3 ［翻訳］をクリック

新しい文書が作成され、文書全体が翻訳される

1 文書を翻訳する

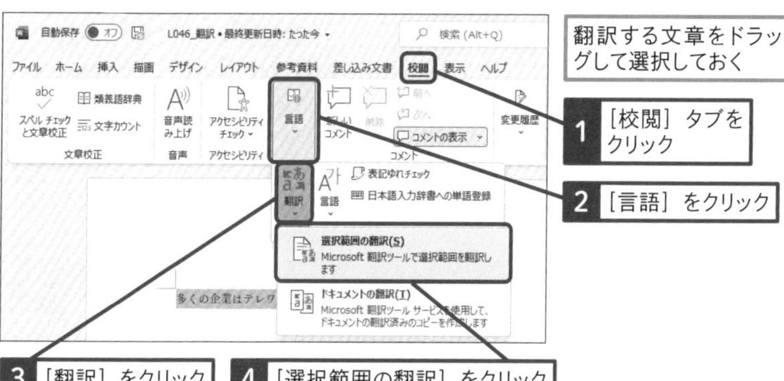
翻訳する文章をドラッグして選択しておく
1 ［校閲］タブをクリック
2 ［言語］をクリック
3 ［翻訳］をクリック
4 ［選択範囲の翻訳］をクリック

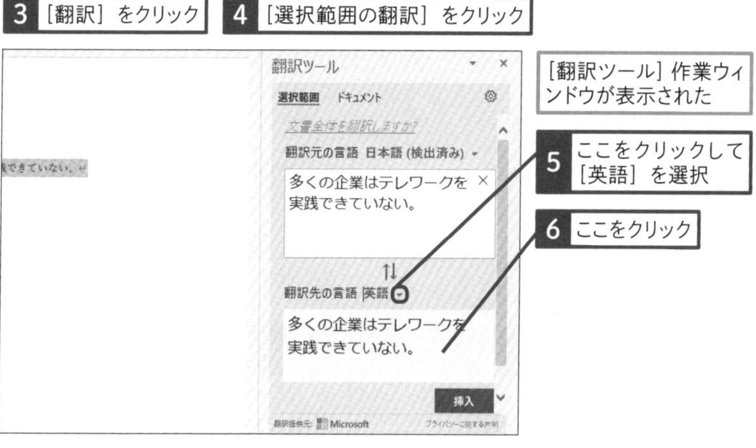
［翻訳ツール］作業ウィンドウが表示された
5 ここをクリックして［英語］を選択
6 ここをクリック

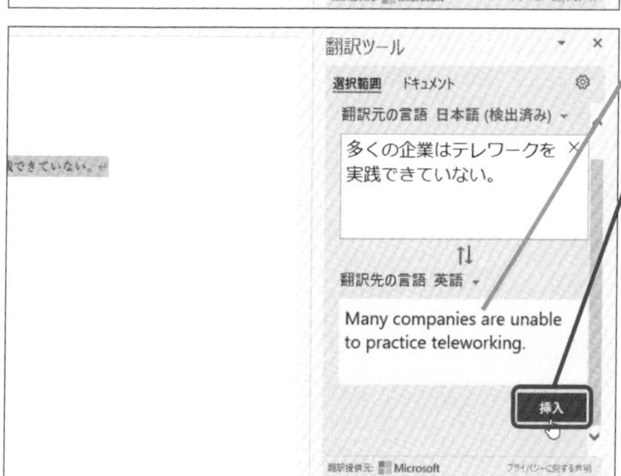
日本語が英語に翻訳された
7 ［挿入］をクリック
翻訳された文章が、元の日本語の文章と置き換わる

レッスン

47 文書を校正するには

変更履歴、コメント　練習用ファイル　L047_文書の校正.docx

複数人で一つの文書を作成するときに、変更履歴とコメントを活用すると便利です。変更履歴は修正した内容をすべて記録します。コメントを使うと、文章の気になる箇所に本文に影響されない文章を追加できます。

文書を校正する

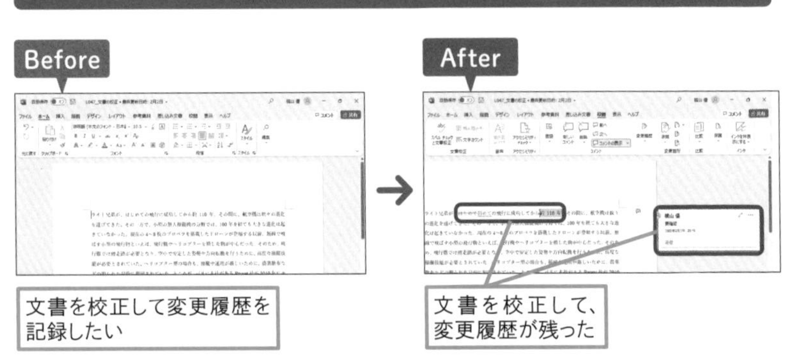

1 文書の変更履歴を記録する

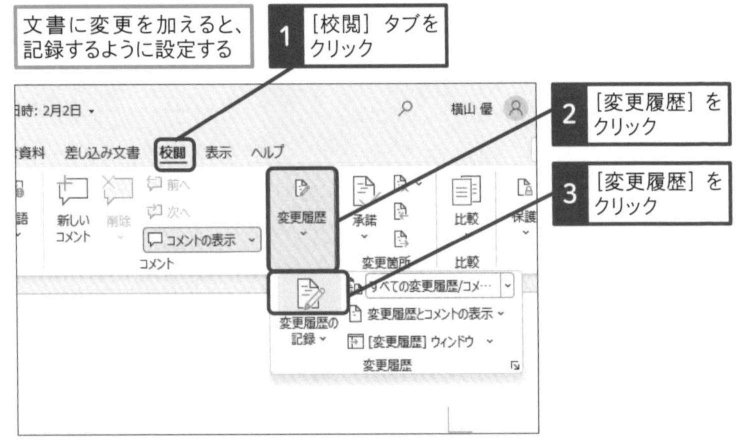

● 文書を変更する

ライト兄弟が、はじめての飛行に成功してから約 110 年。その間に、航空機
を遂げてきた。その一方で、小型の無人操縦機の分野では、100 年を経ても大
きていなかった。現在の 4〜8 枚のプロペラを搭載したドローンが登場する以
ばす小型の飛行物といえば、飛行機やヘリコプターを模した物が中心だった。
行機では滑走路が必要となり、空中で安定した姿勢や方向転換を行うために、
能が必要とされていた。ヘリコプター型の場合も、操縦や運用が厳しいために

文書に変更を加えると、履歴を残すように設定された

ここでは1行目の「はじめて」を「初めて」に変更する

4 「はじめて」をドラッグして選択

5 「初めて」と入力

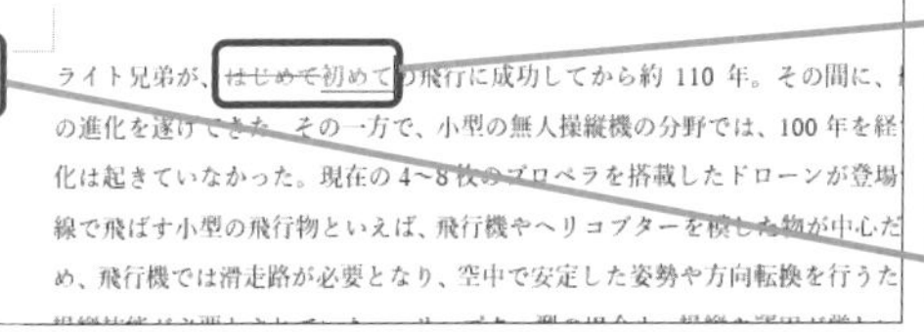

元々入力されていた「はじめて」に取り消し線が付いた

変更を加えた行に縦棒が表示された

2 文書にコメントを付ける

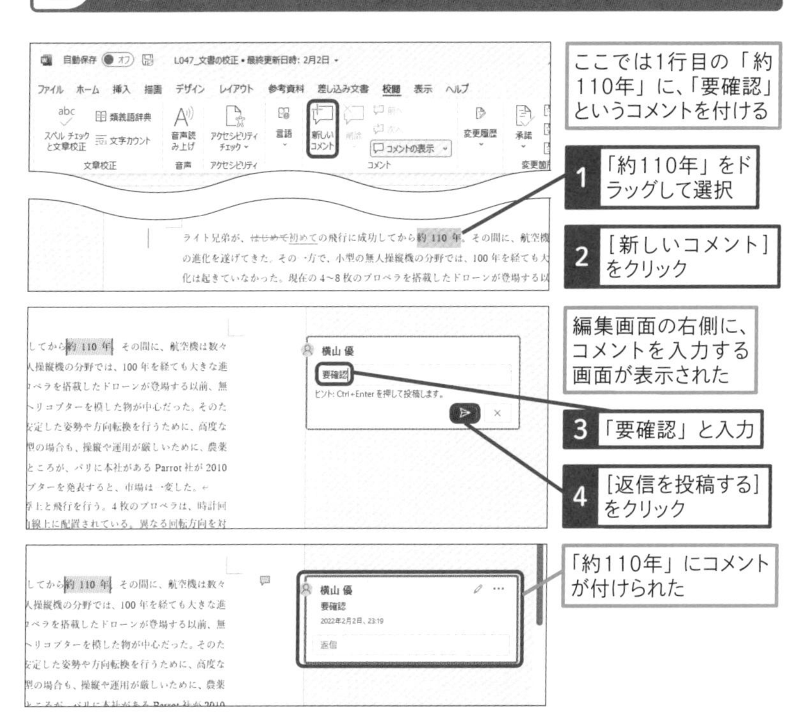

レッスン

48 校正された個所を反映するには

校正の反映　練習用ファイル　L048_校正の反映.docx

変更履歴が記録された内容は、後から確認して反映するか元に戻すか選択できます。また、他の人が変更履歴をオンにして修正すると、誰が修正したのかも確認できます。変更内容は、一つ一つ確かめながら反映させるか、まとめて一括で修正できます。

文書の校正内容を確認する

Before

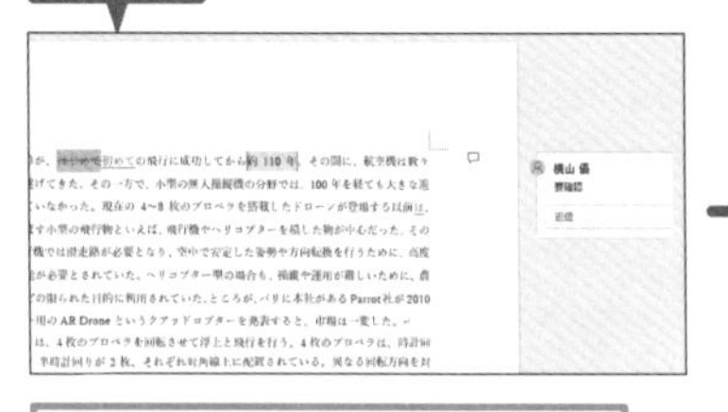

校正された個所を順番に確認し、変更を承諾したい

After

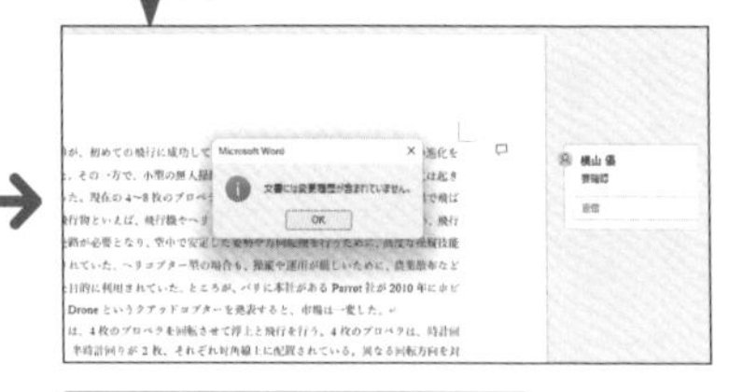

校正された個所をすべて確認できた

時短ワザ

修正内容をまとめて反映したいときには

変更履歴で修正された内容をまとめて反映させたいときには、[すべての変更を反映] で一括して承認します。まとめて承認するときには、[シンプルな変更履歴] の表示にしておいて、気になる箇所がないかをしっかりチェックしてから実行しましょう。また、[シンプルな変更履歴] の表示にしておいても、下の画面のように変更箇所がある行に表示されている縦の線をクリックすると、変更内容を確認できます。

1 [承諾] のここをクリック

2 [すべての変更を反映] をクリック

全ての変更が反映される

1 校正された個所を承諾する

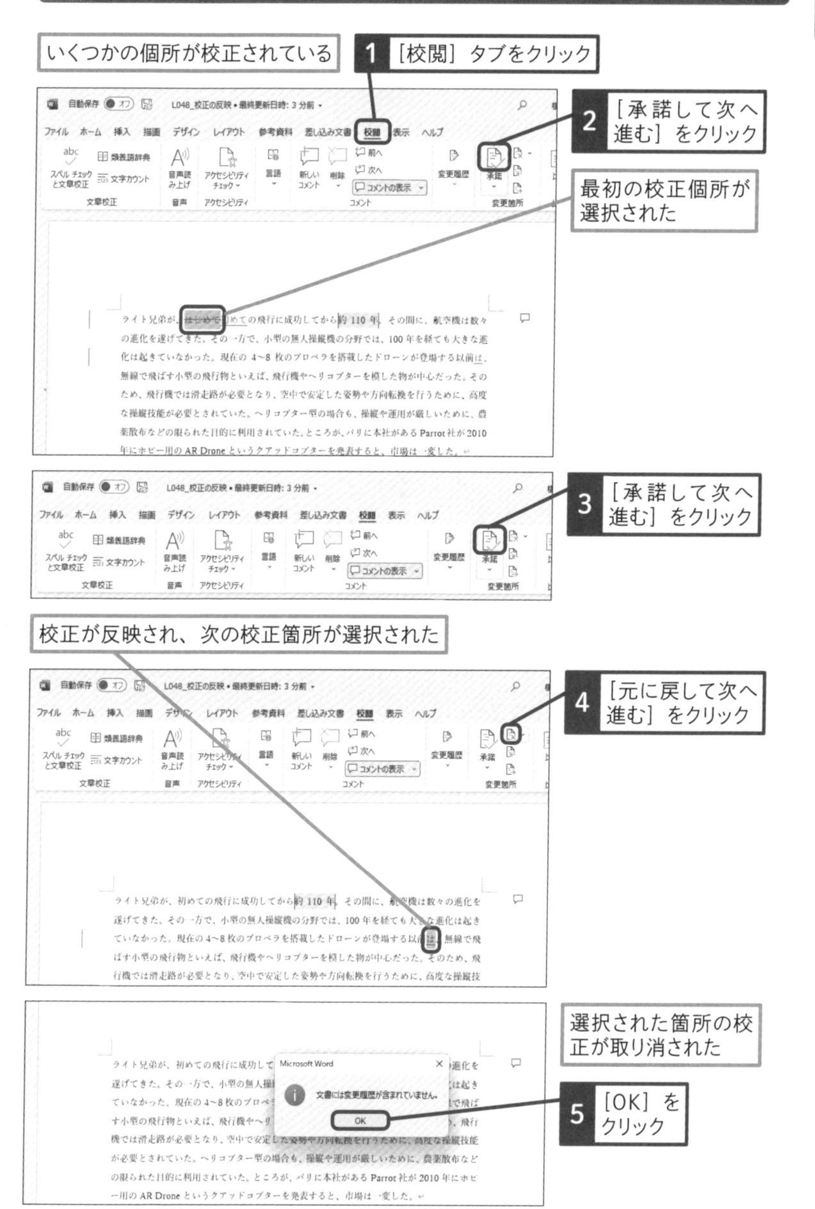

レッスン

49 コメントに返信するには

コメントの返信　練習用ファイル L049_コメントの返信.docx

文書に挿入されたコメントには、メールのような返信を追加できます。コメントも変更履歴のように、誰が挿入したのかわかるので、コメントされた内容への対応や質問などに、返信を活用すると便利です。

コメントに返信する

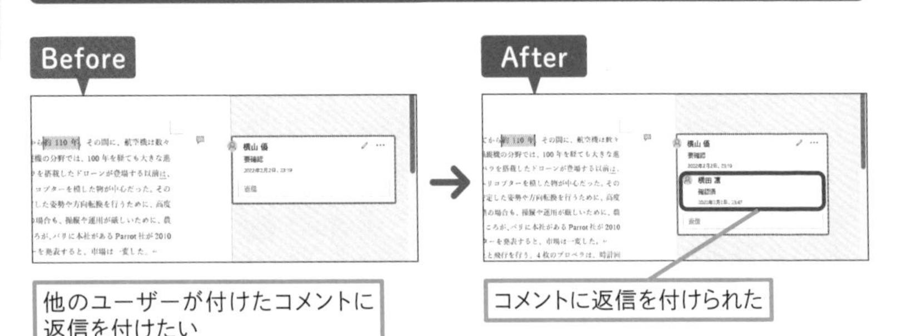

使いこなしのヒント

解決したスレッドを表示するには

コメントをリスト形式で表示すると、解決したコメントを一覧で確認できます。コメントの多い文書で利用すると便利です。リスト形式は、Word 2021の新機能です。古いバージョンのWordでは字形の表示のみです。

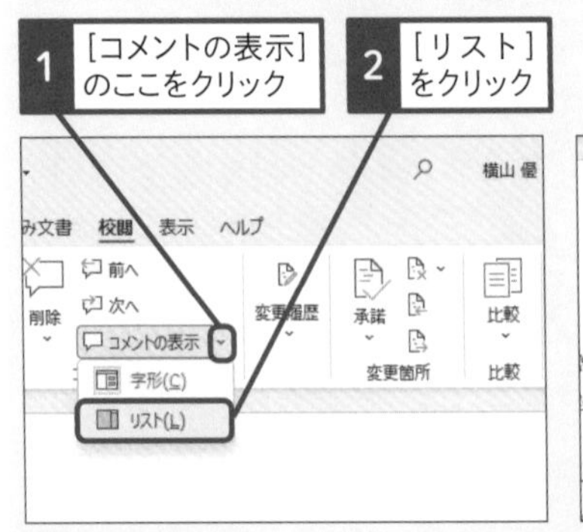

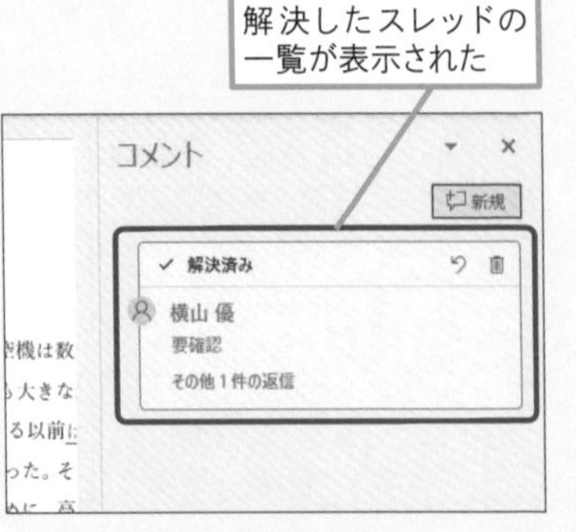

1 コメントを表示する

ここでは、レッスン47で入力されたコメントに、違うユーザーが返信する

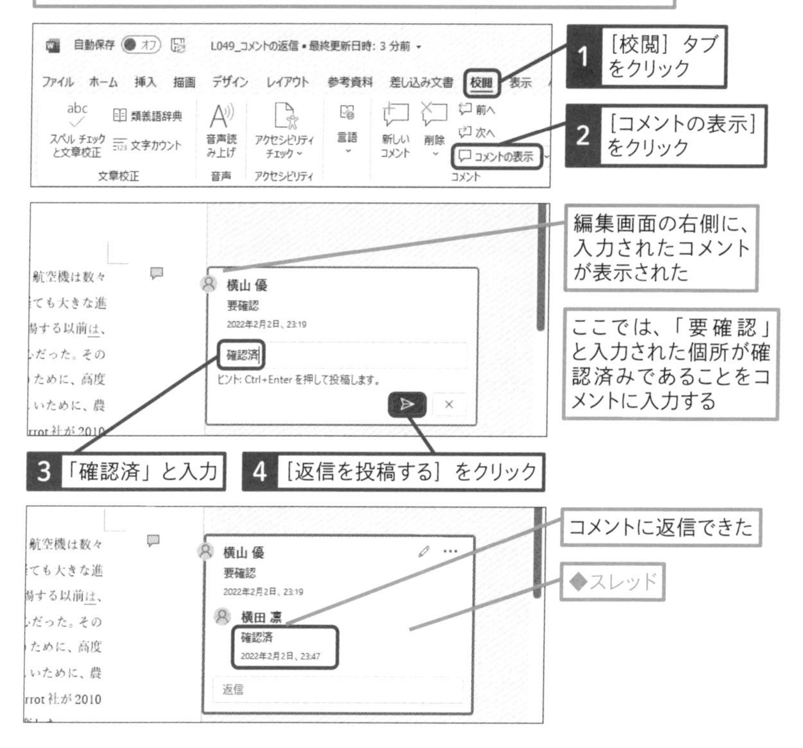

使いこなしのヒント

スレッドの削除と解決の違いを知ろう

挿入されたコメントには、返信で文章を追加できるだけではなく、[その他のスレッドの操作] から、[スレッドの削除] と [スレッドを解決する] が選択できます。[スレッドの削除] は、コメントそのものを削除します。[スレッドを解決する] を選ぶと、コメントはスレッドからは削除されますが、薄く表示されて残ります。

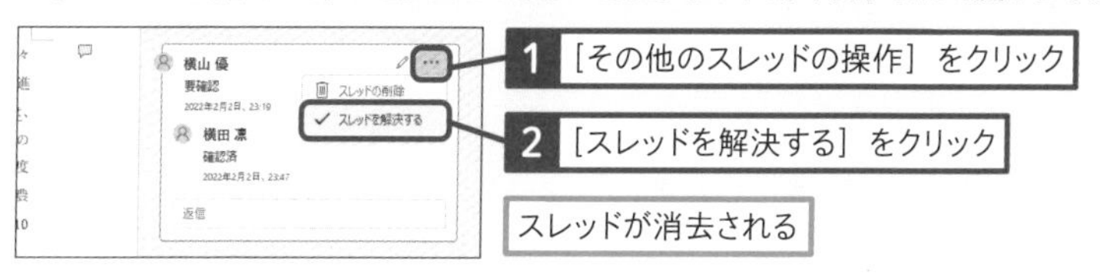

レッスン
50 文書の安全性を高めるには

文書の保護　練習用ファイル　L050_文書の保護.docx

Wordで作成した文書の安全性を高める方法に、パスワードの設定があります。パスワードを設定した文書ファイルは、もしも意図しない第三者の手に渡っても、Wordで開いて閲覧できないので、情報漏えい対策の一助になります。

1 ［文書の保護］でパスワードを設定する

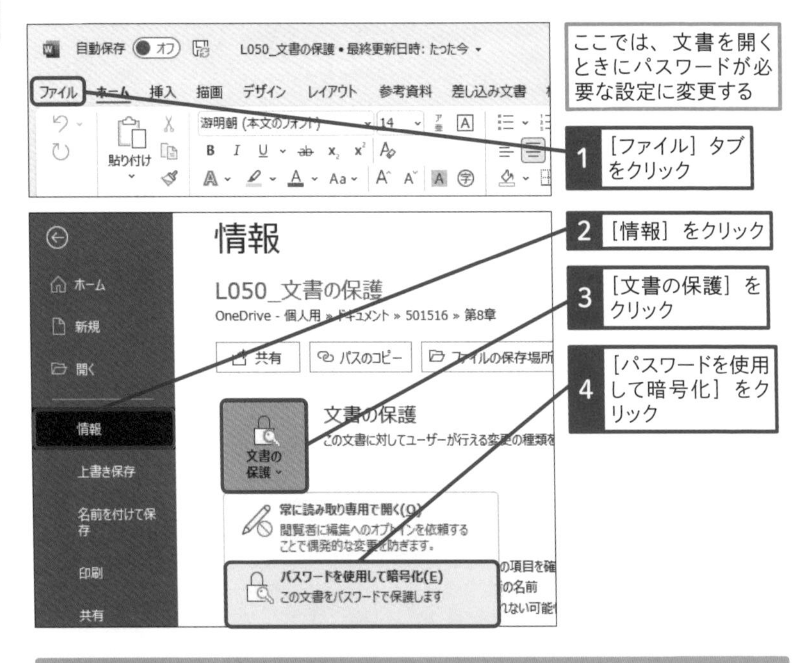

使いこなしのヒント

パスワードに使える文字の種類は

パスワードには、半角英数の大文字、小文字、数字、記号の組み合わせが利用できます。入力できる文字数は15文字までです。入力するパスワードは、画面に表示されないので、複雑な組み合わせの英数記号を入力するときには、手元に控えを残しておくようにしましょう。

● パスワードを設定する

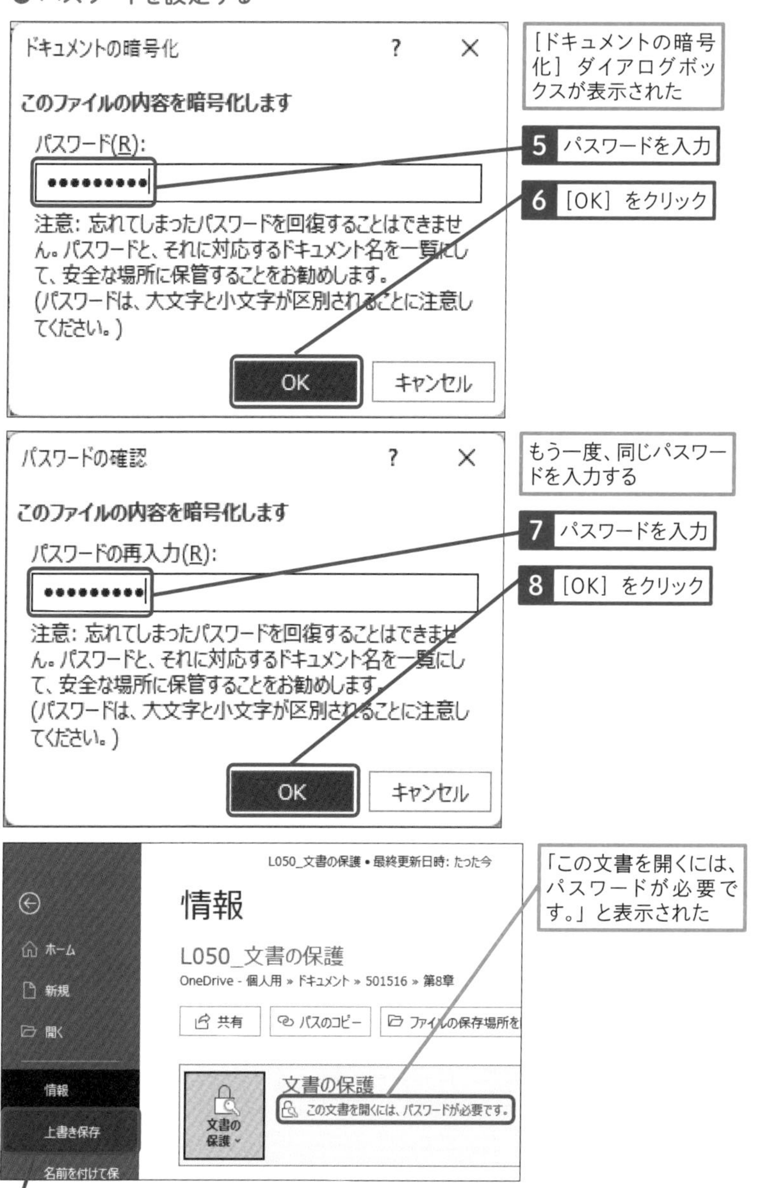

次のページに続く ➡

2 パスワードを設定した文書を開くには

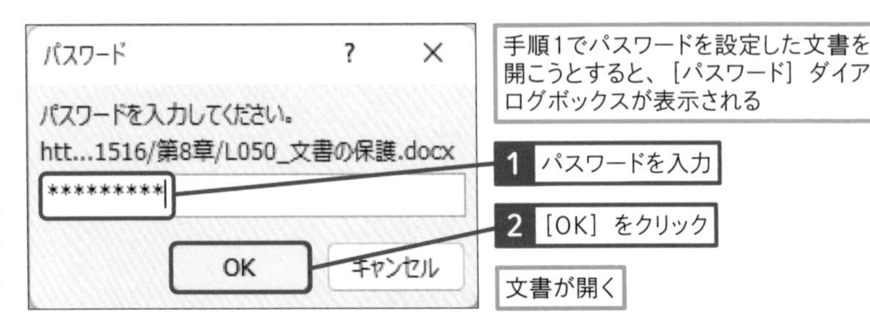

3 文書のパスワードを解除するには

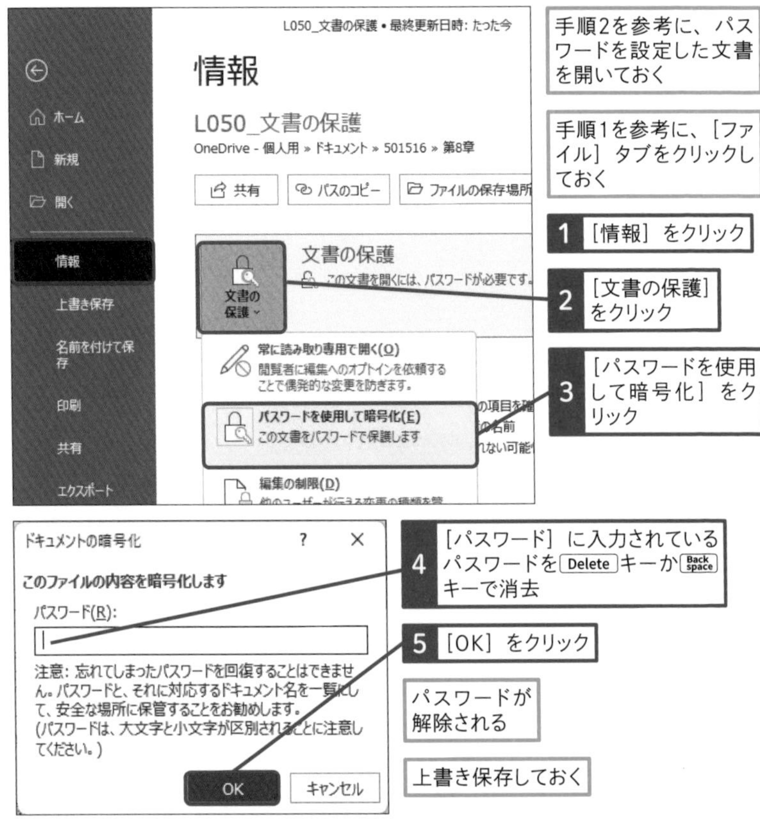

使いこなしのヒント

パスワードを付ける前に実行したい［ドキュメント検査］

［ドキュメント検査］を実行すると、コメントが残っているか、作成者などの個人名が入っていないか、マクロやアドインなどがないか、といった項目をチェックできます。安全な文書を相手に送付する前には、［ドキュメント検査］で不要なデータは削除しておきましょう。

レッスンの手順を参考に［情報］画面を表示しておく

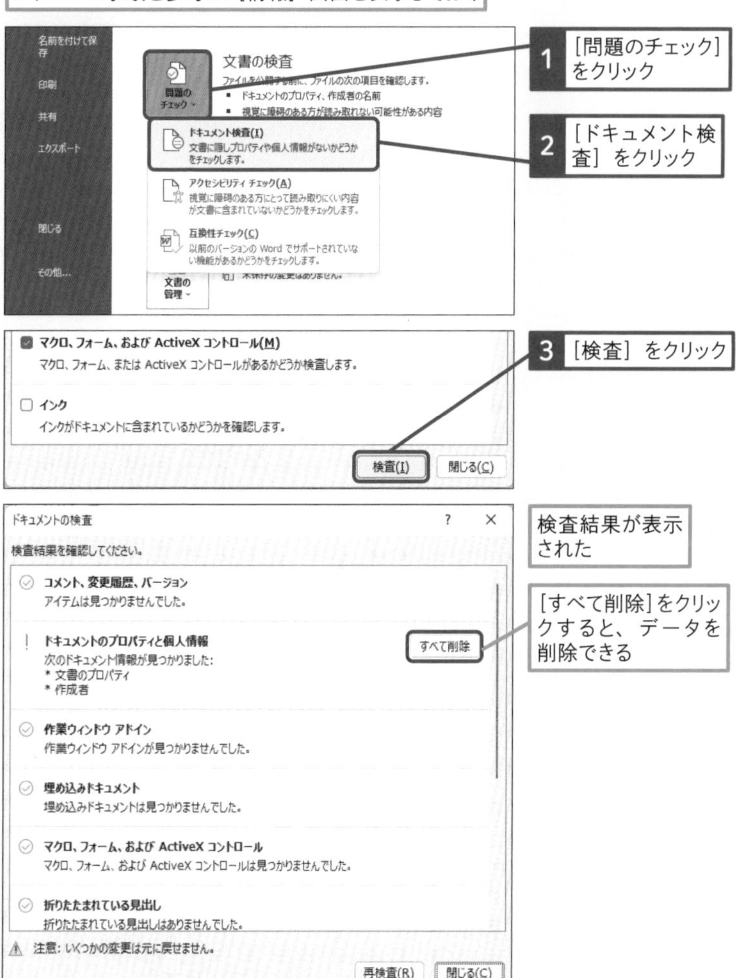

レッスン

51 文書をPDF形式で保存するには

PDF化　練習用ファイル　L051_PDF化.docx

Wordがインストールされていないパソコンやスマートフォンなどで文書ファイルを閲覧してもらいたいときには、文書をPDF形式で保存します。PDF形式は、Adobe Acrobat ReaderやWebブラウザで閲覧できるファイル形式なので、Wordが使えなくても内容を読んでもらえます。

Wordの文書をPDF形式にする

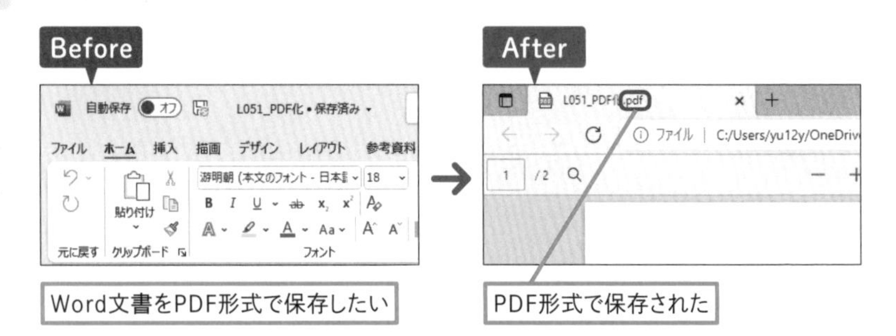

使いこなしのヒント

PDFをより活用するならAdobe Acrobat Reader DCが便利

PDF形式のファイルは、Webブラウザーでも閲覧できますが、無料でインストールできるAdobe Acrobat Readerを使うと、PDF用の編集ツールなどが利用できて便利です。

▶Adobe Acrobat Reader DC
https://get.adobe.com/jp/reader

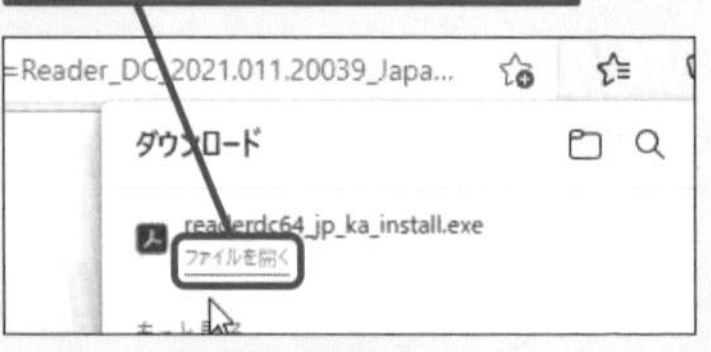

Adobe Acrobat Reader DCのインストールが始まるので、画面の指示にしたがって操作を進める

1 ［エクスポート］画面からPDF形式で保存する

1 ［ファイル］タブをクリック

2 ［エクスポート］をクリック

3 ［PDF/XPSの作成］をクリック

用語解説

PDF

PDFは、Portable Document Formatの頭文字をとった略称です。PDFは、パソコンやスマートフォンなど各種の電子機器で、特定のアプリやOSに依存しないで、文章や図版を表示できる電子文書のファイル形式です。

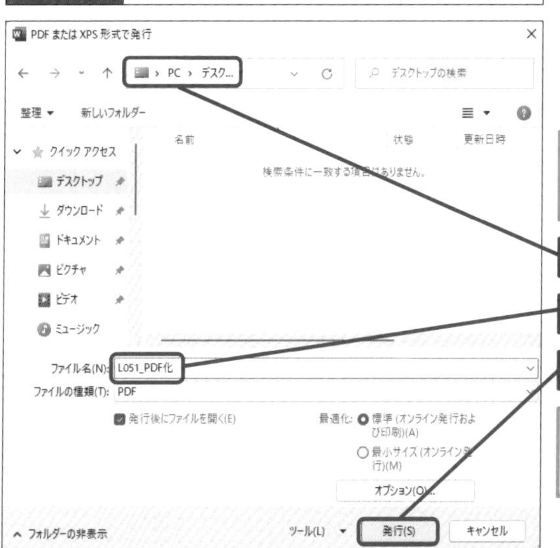

［PDFまたはXPS形式で発行］ダイアログボックスが表示された

4 保存場所を選択

5 ファイル名を入力

6 ［発行］をクリック

Microsoft Edgeが起動して、保存したPDF形式のファイルが開く

次のページに続く

2 [印刷] 画面からPDF形式で保存する

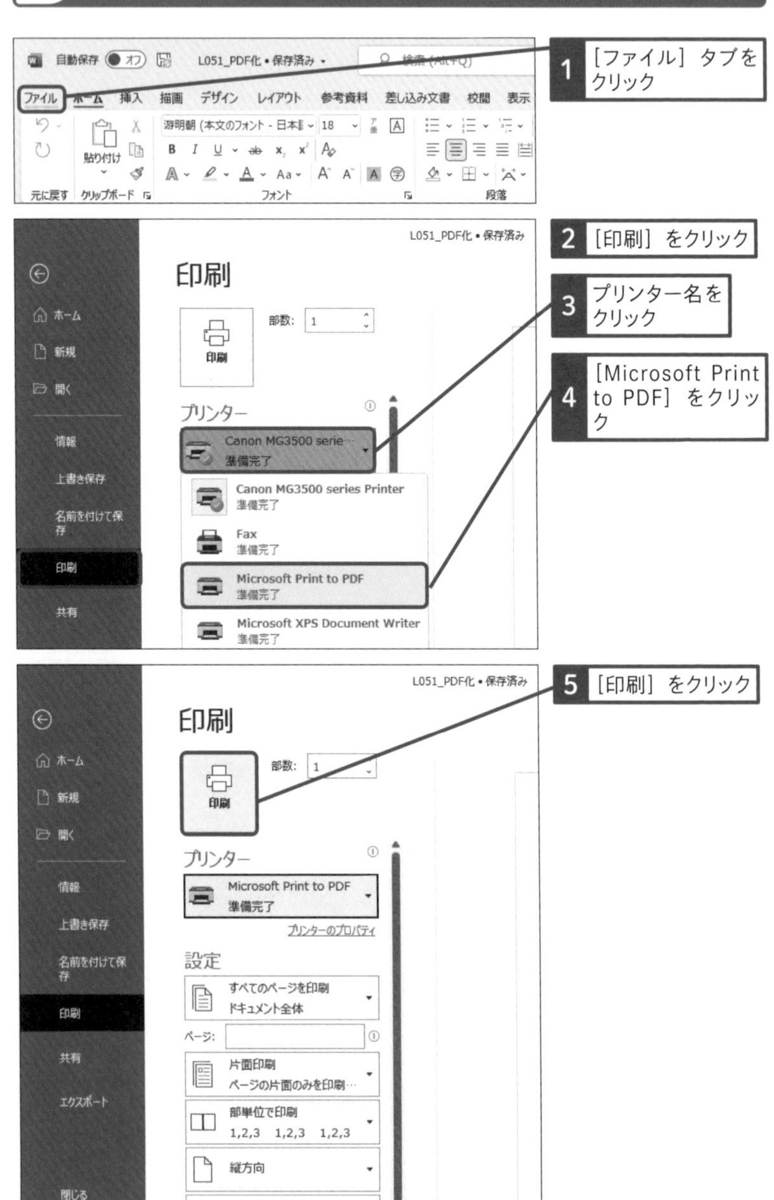

3 保存場所を選択する

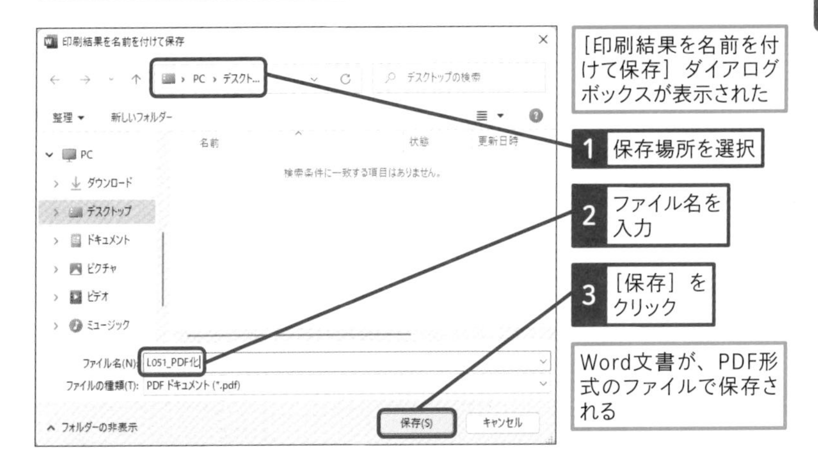

使いこなしのヒント

PDFに保存する範囲を指定できる

オプションを開くと、PDFに保存するページ範囲を指定できます。大量のページがあるときに、必要な部分だけを送ればデータ容量の節約にもなって効率化できます。

● ［エクスポート］画面から保存するとき

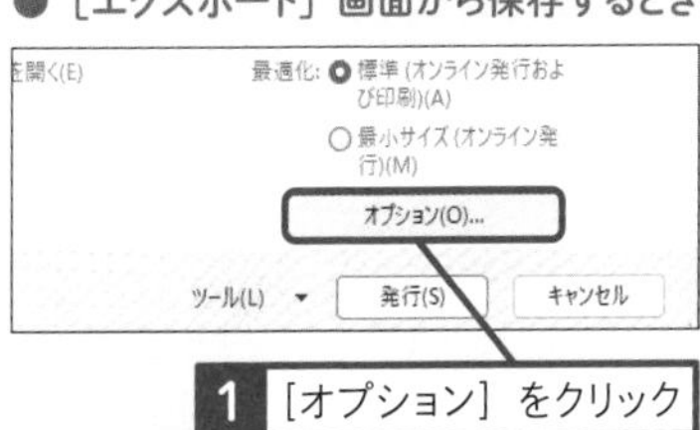

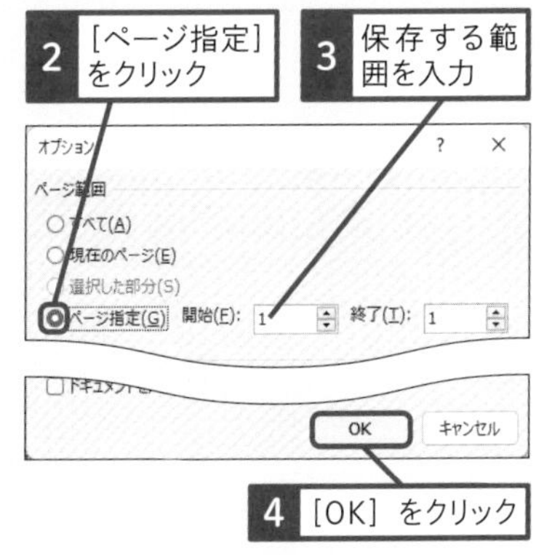

● ［印刷］画面から保存するとき

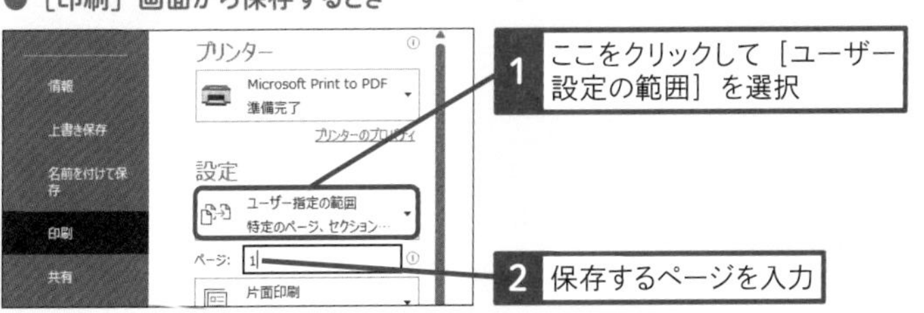

スキルアップ

PDFのファイルをWordで開くこともできる

PDFのファイルをWordで開くと、編集画面で修正できる文書ファイルに変換されます。ただし、変換されるレイアウトは、元のPDFを100%再現するものではありません。

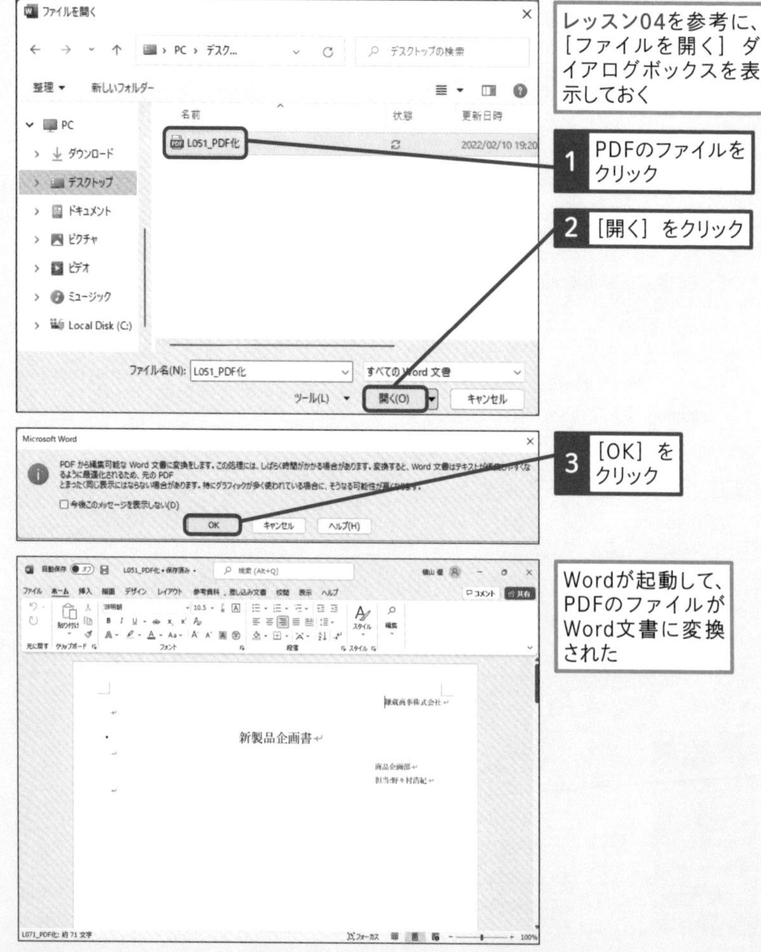

活用編

第9章

知っていると差が付く便利なテクニック

画像や図形をより効果的にレイアウトして、文書を印象的に仕上げる方法を解説します。また、Excelのグラフを編集画面に貼り付けて利用したり、保存し忘れた文書を復元するなど、他のアプリとの効果的な連携やトラブル対策のテクニックも理解して、Wordをさらに使いこなしていきましょう。

レッスン

52 背景を画像にするには

ヘッダーの活用　練習用ファイル　L052_ヘッダーの活用.docx

ヘッダーには文字や画像が入力できます。この機能を応用すると、文書全体の背景となる画像を挿入できます。ヘッダーに挿入された画像は、本文の編集に影響されずに固定されるので、画像を背景にした自由な文字のレイアウトができます。

文書の背景に画像を配置する

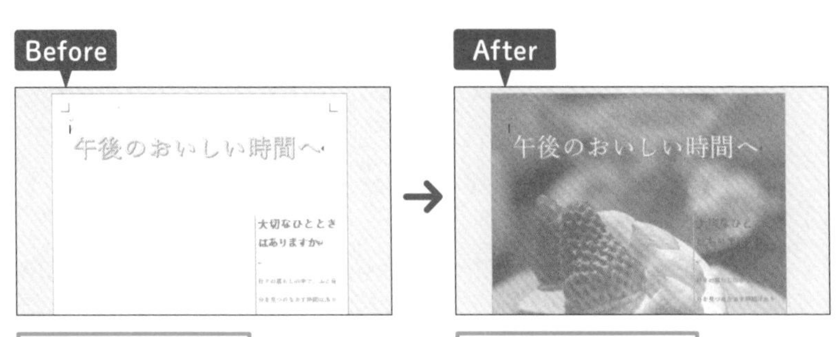

背景に、薄く透過した画像を配置したい

背景に、薄く透過した画像が配置された

1 画像を配置する

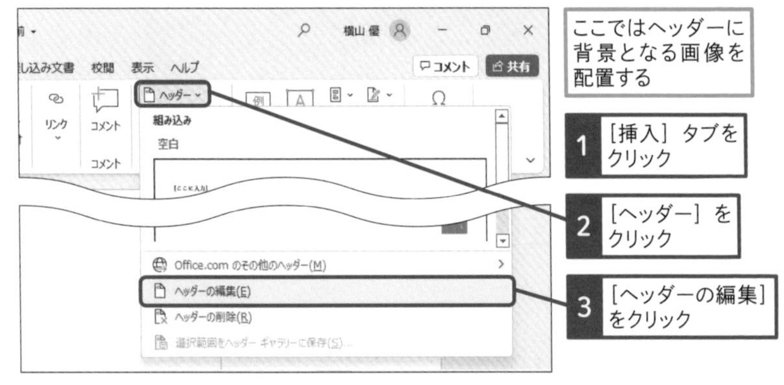

ここではヘッダーに背景となる画像を配置する

1 ［挿入］タブをクリック

2 ［ヘッダー］をクリック

3 ［ヘッダーの編集］をクリック

使いこなしのヒント

2ページ目以降に違うヘッダーを使うには

[ヘッダーとフッター] タブにある [先頭ページのみ別指定] にチェックマークを付けると、2ページ目以降からは違う内容のヘッダーやフッターを入力できます。

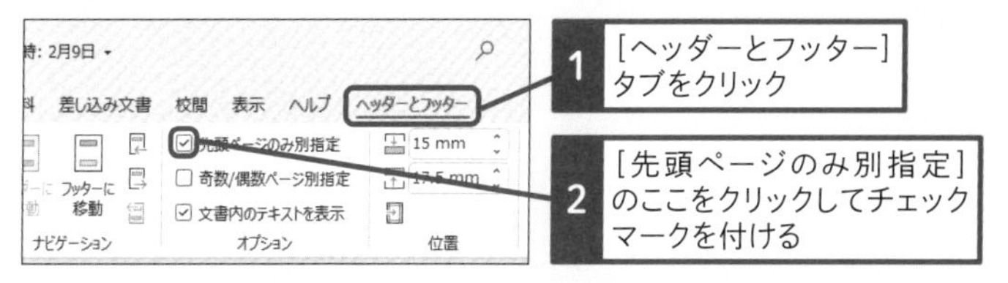

● 画像を選択する

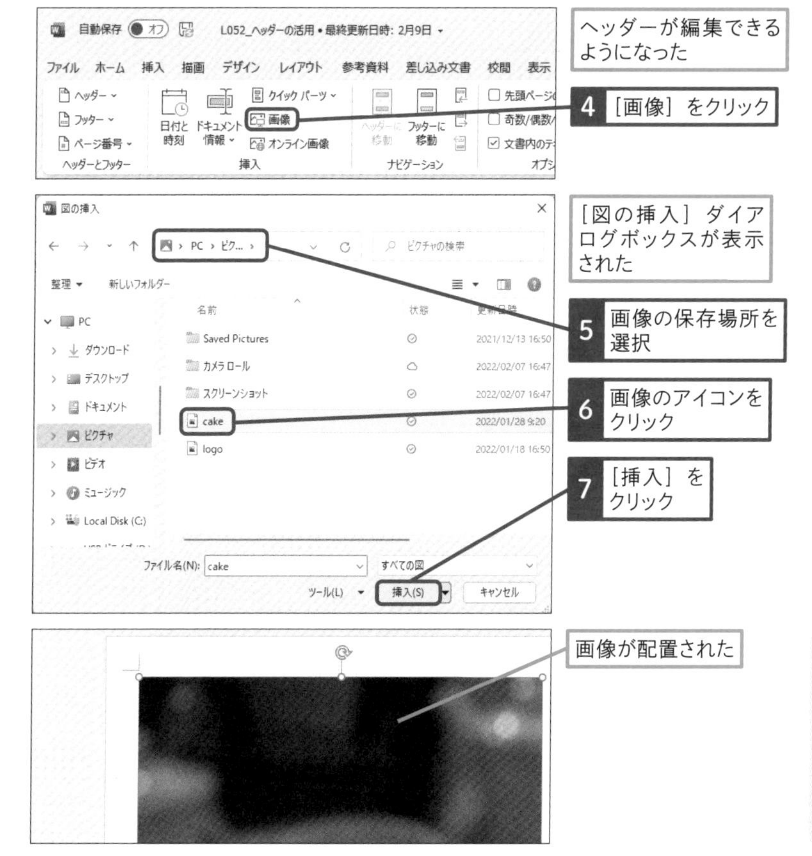

次のページに続く

2 画像の大きさと位置を調整する

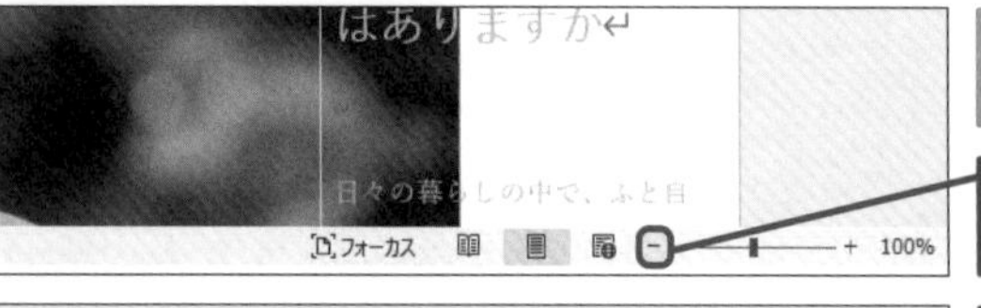

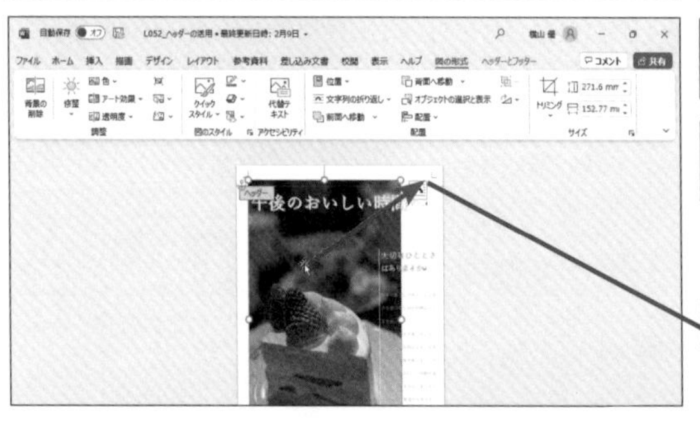

使いこなしのヒント

背景に適した画像に加工するには

ヘッダーに挿入した画像が本文の文字と重なって読みにくくなってしまうときには、［図の形式］タブで明るさやコントラストを調整します。

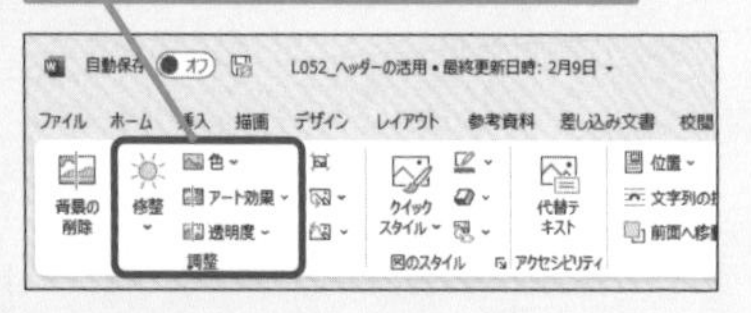

● 画像を拡大する

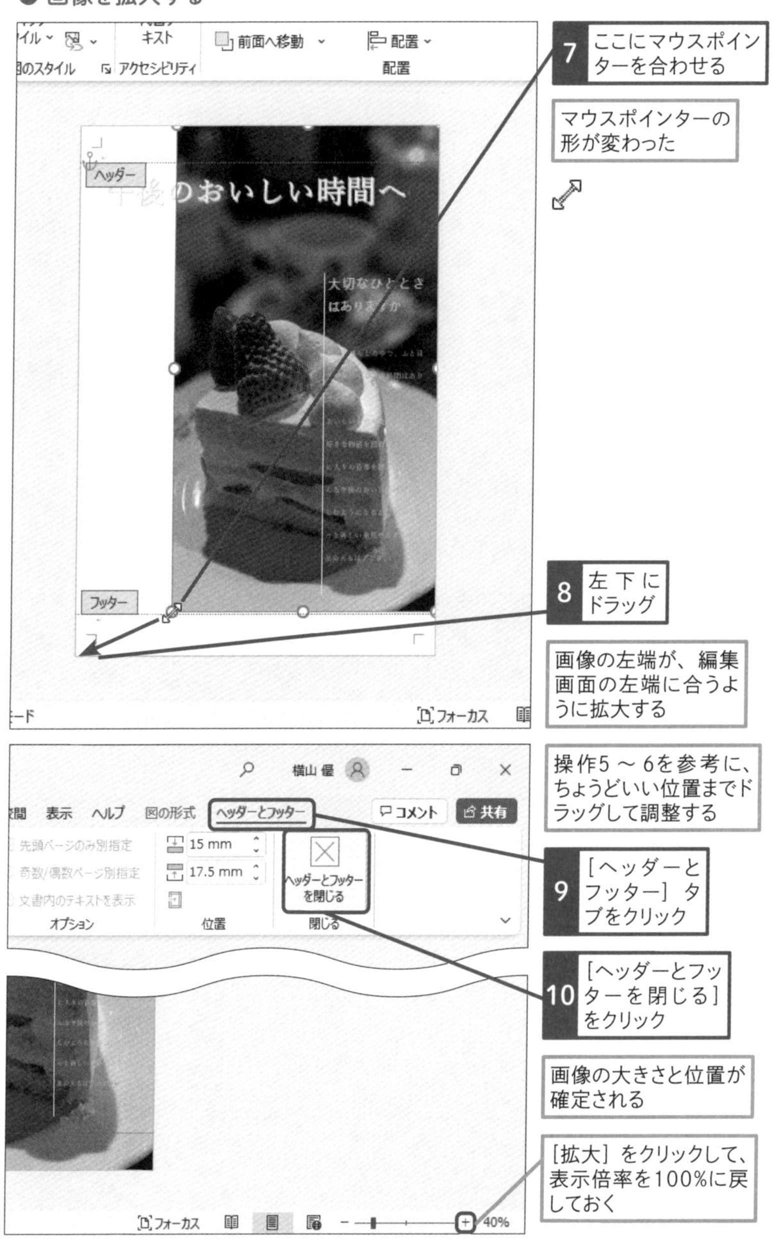

ここにマウスポインターを合わせる
マウスポインターの形が変わった
左下にドラッグ
画像の左端が、編集画面の左端に合うように拡大する
操作5～6を参考に、ちょうどいい位置までドラッグして調整する
[ヘッダーとフッター]タブをクリック
[ヘッダーとフッターを閉じる]をクリック
画像の大きさと位置が確定される
[拡大]をクリックして、表示倍率を100%に戻しておく
前面へ移動
配置
アクセシビリティ
ヘッダー
午後のおいしい時間へ
大切なひとときはありますか
フッター
フォーカス
横山 優
表示
ヘルプ
図の形式
ヘッダーとフッター
コメント
共有
先頭ページのみ別指定
奇数/偶数ページ別指定
文書内のテキストを表示
15 mm
17.5 mm
ヘッダーとフッターを閉じる
オプション
位置
閉じる
40%

レッスン

53 図形をアクセントに使うには

アクセント　練習用ファイル　L053_アクセント.docx

Wordの図形は、情報を伝えるための形として利用するだけではなく、透明度を変えて色を工夫すると、デザインの一部として活用できます。文書の好きな場所に挿入できるテキストボックスも図形の一部です。その装飾を変えてアクセントにしてみましょう。

図形の枠線や背景色を設定する

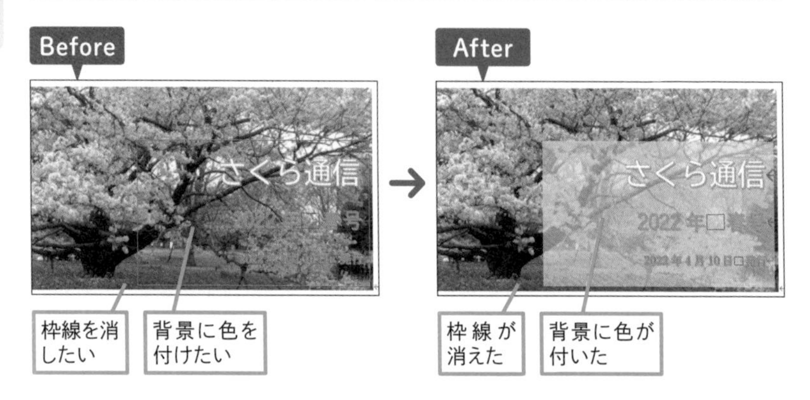

1 背景に色を付ける

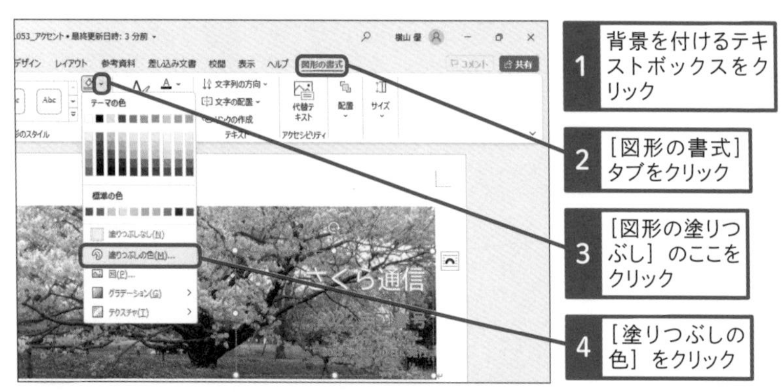

● 背景色を設定する

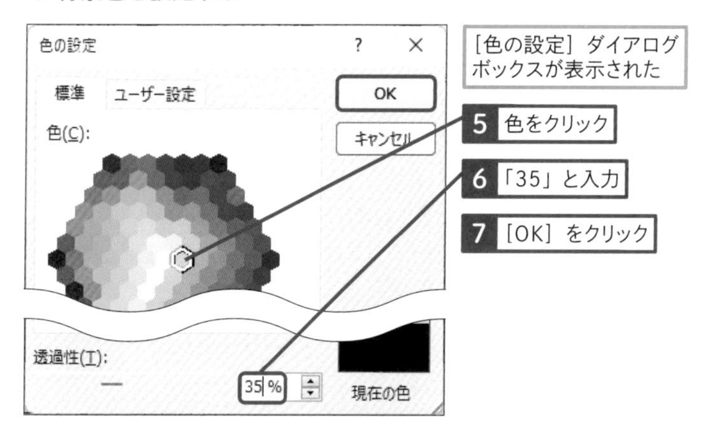

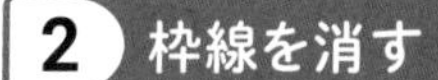

2 枠線を消す

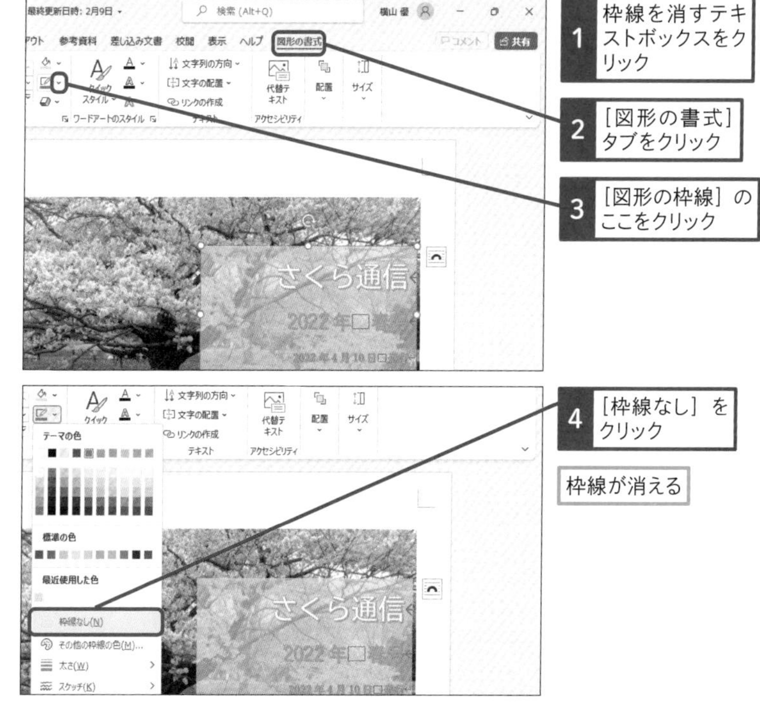

レッスン
54 Excelのグラフを貼り付けるには

グラフの挿入　練習用ファイル　L054_グラフの挿入.docx

Wordにもグラフを作成する機能は備わっていますが、すでにExcelで作成したグラフがあるならば、コピーと貼り付けを使って編集画面に挿入できます。Excelから貼り付けたグラフは、元のデータを修正しても、変更内容を反映できます。

使いこなしのヒント

ExcelのグラフをWord文書に貼り付けるにはいくつかの方法がある

ExcelのグラフをWordの編集画面に貼り付けるときに、複数の貼り付け方法が用意されます。貼り付けた直後に表示される［貼り付けのオプション］では、5種類の貼り付け方法が表示されます。

●貼り付け方法の違い

貼り付け方法	アイコン	書式
貼り付け先のテーマを使用しブックを埋め込む		Wordで設定されているテーマなどの装飾を利用してグラフを貼り付けます
元の書式を保持しブックを埋め込む		Excelで設定されているテーマなどの装飾を利用してグラフを貼り付けます
貼り付け先テーマを使用しデータをリンク		Wordで設定されている装飾を利用してグラフを貼り付けるだけではなく、元のExcelのブックとデータやグラフの内容を連動させます
元の書式を保持しデータをリンク		Excelで設定されている装飾を利用してグラフを貼り付けるだけではなく、元のExcelのブックとデータやグラフの内容を連動させます
図		グラフを図に変換して貼り付けます。貼り付けた後は、内容を変更できなくなります

1 ExcelのグラフをWord文書に貼り付ける

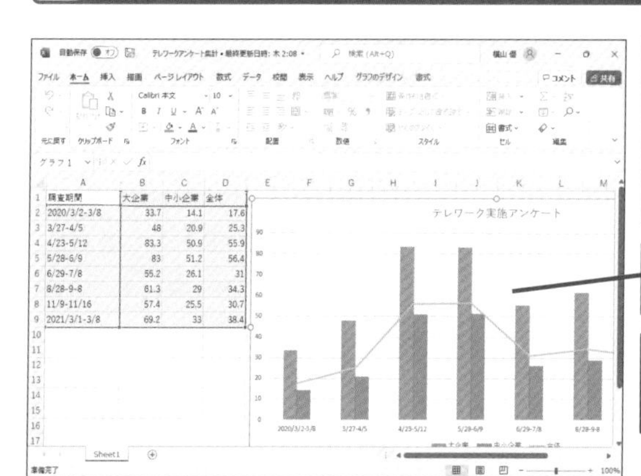

「L054_Excelのグラフの挿入.docx」と「テレワークアンケート集計.xlsx」をそれぞれ開き、Excelの画面を前面に表示しておく

1 グラフエリアをクリック

2 Ctrlキーを押しながら、Cキーを押す

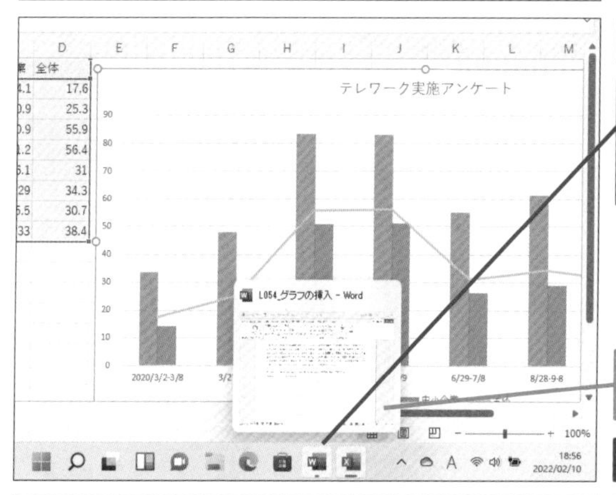

ウィンドウを切り替える

3 タスクバーの[Word]のボタンにマウスポインターを合わせる

Wordの縮小画面が表示された

4 そのままクリック

Wordに切り替わった

5 グラフを貼り付ける場所をクリックしてカーソルを移動

6 Ctrlキーを押しながら、Vキーを押す

Excelのグラフが貼り付けられる

次のページに続く

2 元のExcelデータの修正を反映する

手順1を参考に、ExcelのグラフをWordに貼り付けておく

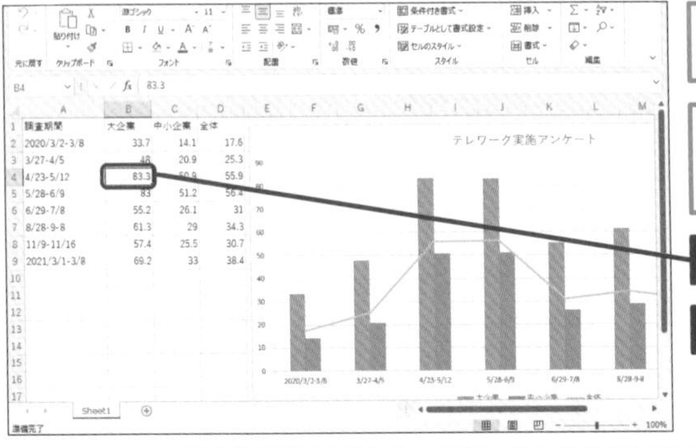

Excelを前面に表示しておく

ここでは4/23-5/12の大企業の数値を変更する

1 セルB4をクリック

2 「70.5」と入力

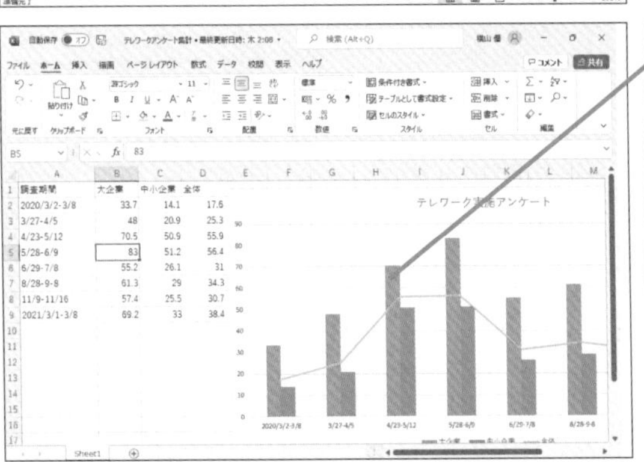

グラフにも変更が反映された

3 Ctrlキーを押しながら、Sキーを押す

Excelのブックが上書き保存される

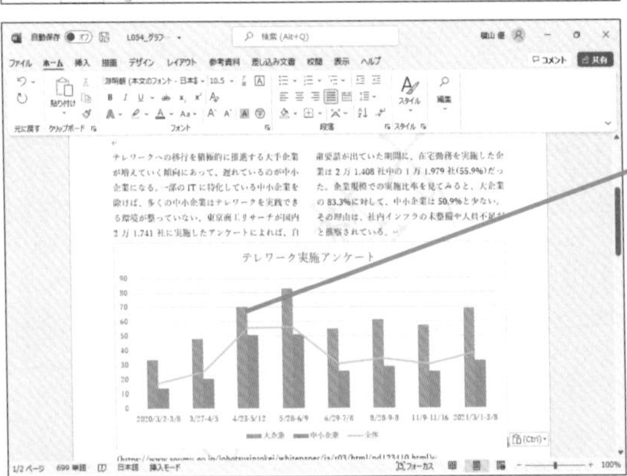

Wordを前面に表示しておく

Wordに貼り付けたグラフにも変更が反映されている

4 Ctrlキーを押しながら、Sキーを押す

Word文書も、グラフを変更した状態で保存される

3 貼り付け方法を選択して貼り付ける

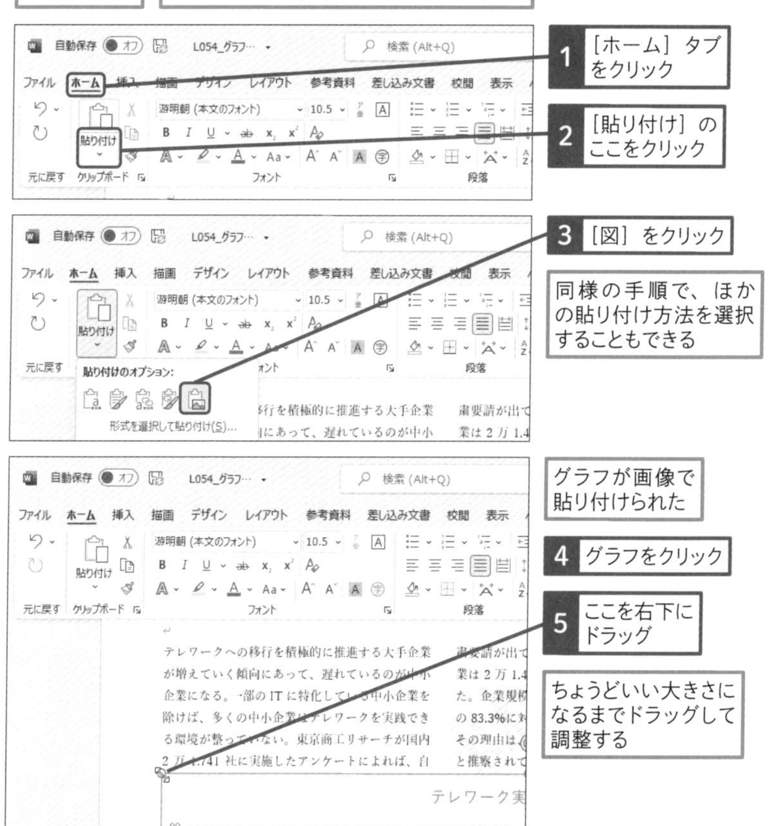

使いこなしのヒント

WordとExcelで上書き保存をしよう

レッスンの手順のように、データをリンクして貼り付けられたグラフは、Excelのデータを修正すると、同時にWordのグラフも更新されます。ただし、修正した内容は、ExcelやWordを閉じると失われてしまうので、必ずWordとExcelそれぞれのファイルを上書き保存して更新します。

レッスン
55 保存し忘れた文書を復元するには

文書の管理　練習用ファイル　L055_文書の管理.docx

停電や意図しない電源オフなどで文書ファイルを保存しないでWordを終了してしまったときには、自動回復用データから、文書を復元できます。ただし、文書の復元は、100%ではないので、できるだけこまめに保存するか、自動保存を利用しましょう。

自動回復用データから文書を復元する

Before

文書を開いてみたら、前回保存をせず文書を閉じてしまったことがわかった

After

自動回復用データから、文書を閉じる前に修正した内容を復元できた

使いこなしのヒント

自動回復用データの設定を確認しよう

Wordの自動回復を利用するには、[Wordのオプション] の [保存] で、自動回復用データが、定期的に保存されている必要があります。このチェックマークが外れていると、保存しないで終了した文書は、復元できません。

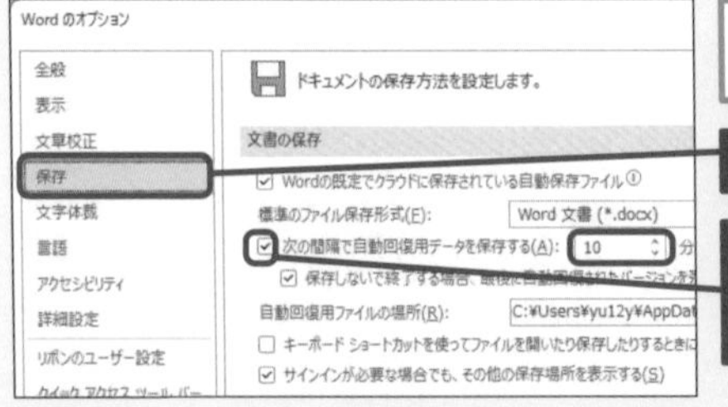

[Wordのオプション] を表示しておく

1 [保存] をクリック

2 [次の間隔で自動回復用データを保存する] にチェックマークが付いていることを確認

1 ［文書の管理］で文書を復元する

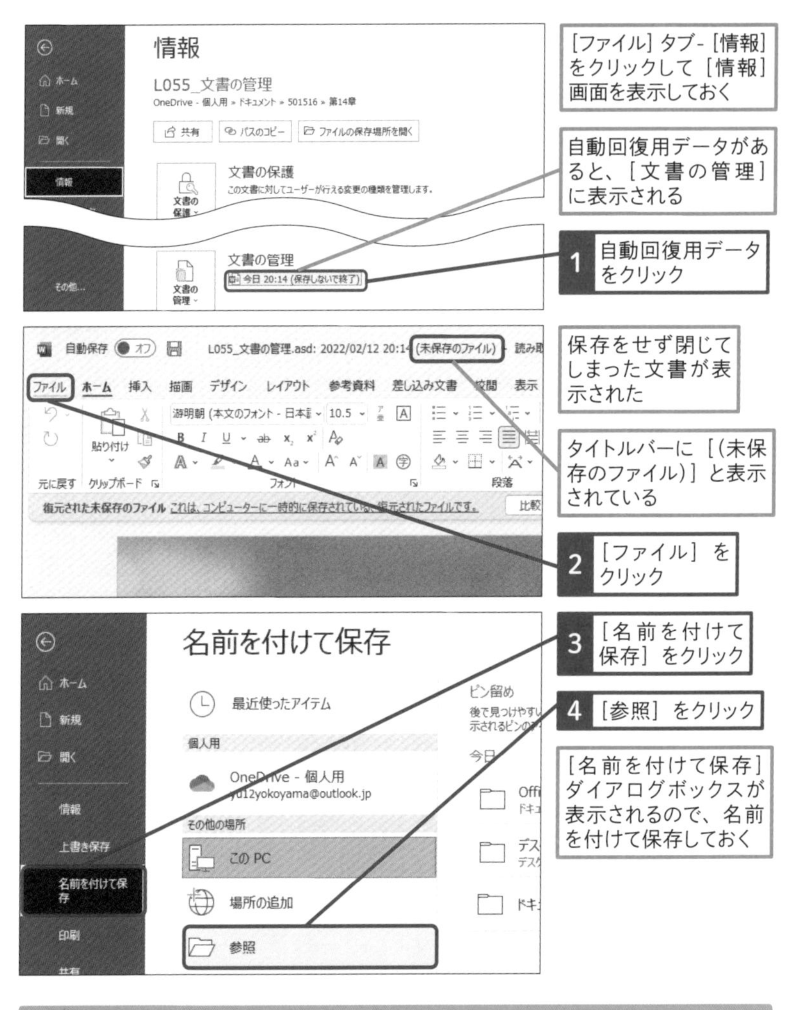

使いこなしのヒント

完全に終了してしまったときに回復するには

レッスンの手順では、ファイルの情報から文書の回復を実行していますが、Wordを完全に終了して、新規に起動すると、情報の項目は表示されません。そのときには、ファイルを［開く］の下にある［保存されていない文書の回復］を選択します。

スキルアップ

画像に効果を付けるには

［図の形式］タブで、挿入した画像に色やアート効果などを設定できます。明るさやコントラストだけで背景に適した効果にならないときには、色を変えたり、アート効果でモノクロームや線画にしたりするなど試してみましょう。

ここではレッスン52でヘッダーに挿入した画像にアート効果を設定する

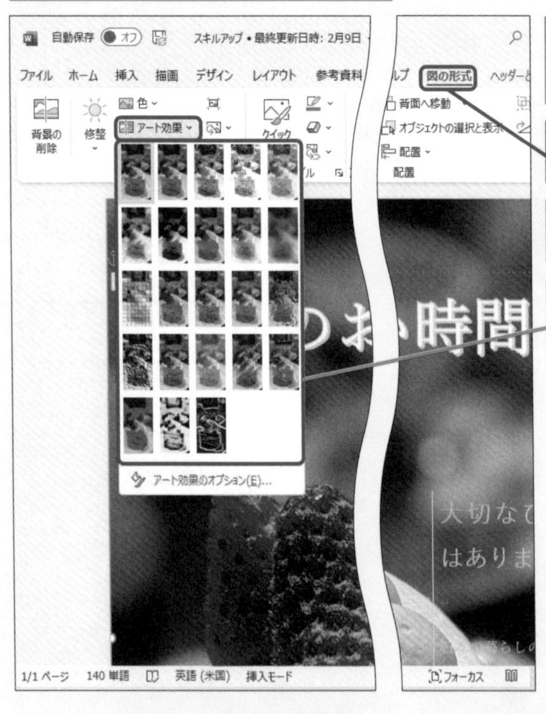

レッスン52の手順1の操作1 ～ 3を実行しておく

1 ［図の形式］タブをクリック

2 ［アート効果］をクリック

クリックするとさまざまなアート効果を設定できる

付録1 ショートカットキー一覧

さまざまな操作を特定の組み合わせで実行できるキーのことをショートカットキーと言います。ショートカットキーを利用すれば、WordやOfficeの操作を効率化できます。

Office共通のショートカットキー

●ファイルの操作

操作	キー
[印刷] 画面の表示	Ctrl+P
ウィンドウを閉じる	Ctrl+F4 / Ctrl+W
ウィンドウを開く	Ctrl+F12 / Ctrl+O
上書き保存	Shift+F12 / Ctrl+S
名前を付けて保存	F12
新規作成	Ctrl+N

●編集画面の操作

操作	キー
1画面スクロール	PgDn（下）/ PgUp（上）/ Alt+PgDn（右）/ Alt+PgUp（左）
下線の設定／解除	Ctrl+U / Ctrl+4
行頭へ移動	Home
[検索] の表示	Shift+F5 / Ctrl+F
最後のセルへ移動	Ctrl+End
斜体の設定／解除	Ctrl+I / Ctrl+3
[ジャンプ] ダイアログボックスの表示	Ctrl+G / F5
すべて選択	Ctrl+A
選択範囲を1画面拡張	Shift+PgDn（下）/ Shift+PgUp（上）
選択範囲を切り取り	Ctrl+X
選択範囲をコピー	Ctrl+C
先頭へ移動	Ctrl+Home
[置換] タブの表示	Ctrl+H
直前操作の繰り返し	F4 / Ctrl+Y
直前操作の取り消し	Ctrl+Z
貼り付け	Ctrl+V
太字の設定／解除	Ctrl+B / Ctrl+2

●文字の入力

操作	キー
カーソルの左側にある文字を削除	Back space
入力の取り消し	Esc
文字を全角英数に変換	F9
文字を全角カタカナに変換	F7
文字を半角英数に変換	F10
文字を半角に変換	F8

文字をひらがなに変換	F6

Wordのショートカットキー

● 画面表示の操作

アウトライン表示	Alt + Ctrl + O
印刷レイアウト表示	Alt + Ctrl + P
下書き表示	Alt + Ctrl + N

● 書式とスタイル

一括オートフォーマットの実行	Alt + Ctrl + K
一重下線	Ctrl + U
大文字/小文字の反転	Shift + F3
書式のコピー	Ctrl + Shift + C
書式の貼り付け	Ctrl + Shift + V
中央揃え	Ctrl + E
二重下線	Ctrl + Shift + D
左インデントの解除	Ctrl + Shift + M
左インデントの設定	Ctrl + M
左揃え	Ctrl + L
フォントサイズの1ポイント拡大	Ctrl +]
フォントサイズの1ポイント縮小	Ctrl + [
[フォント] ダイアログボックスの表示	Ctrl + D / Ctrl + Shift + P / Ctrl + Shift + F
右揃え	Ctrl + R
両端揃え	Ctrl + J

● 表の操作

行内の次のセルへ移動	Tab
行内の前のセルへ	Shift + Tab
行内の先頭のセルへ	Alt + Home
行内の最後のセルへ	Alt
列内の先頭のセルへ	Alt + PgUp
列内の最後のセルへ	Alt + PgDn
前の行へ	↑
次の行へ	↓
上へ移動	Alt + Shift + ↑
下へ移動	Alt + Shift + ↓

付録2 ローマ字変換表

ローマ字入力で文字を入力するときに使うキーと、読みがなの対応規則表です。入力の際に参照してください。

あ行

あ	い	う	え	お
a	i	u	e	o
	yi	wu		
		whu		

ぁ	ぃ	ぅ	ぇ	ぉ
la	li	lu	le	lo
xa	xi	xu	xe	xo
	lyi		lye	
	xyi		xye	

	いぇ			
	ye			

うぁ	うぃ		うぇ	うぉ
wha	whi		whe	who

か行

か	き	く	け	こ
ka	ki	ku	ke	ko
ca		cu		co
		qu		

きゃ	きぃ	きゅ	きぇ	きょ
kya	kyi	kyu	kye	kyo

くゃ		くゅ		くょ
qya		qyu		qyo

くぁ	くぃ	くぅ	くぇ	くぉ
qwa	qwi	qwu	qwe	qwo
qa	qi		qe	qo
	qyi		qye	

が	ぎ	ぐ	げ	ご
ga	gi	gu	ge	go

ぎゃ	ぎぃ	ぎゅ	ぎぇ	ぎょ
gya	gyi	gyu	gye	gyo

ぐぁ	ぐぃ	ぐぅ	ぐぇ	ぐぉ
gwa	gwi	gwu	gwe	gwo

さ行

さ	し	す	せ	そ
sa	si	su	se	so
	ci		ce	
	shi			

しゃ	しぃ	しゅ	しぇ	しょ
sya	syi	syu	sye	syo
sha		shu	she	sho

すぁ	すぃ	すぅ	すぇ	すぉ
swa	swi	swu	swe	swo

ざ	じ	ず	ぜ	ぞ
za	zi	zu	ze	zo
	ji			

じゃ	じぃ	じゅ	じぇ	じょ
zya	zyi	zyu	zye	zyo
ja		ju	je	jo
jya	jyi	jyu	jye	jyo

た行

た	ち	つ	て	と
ta	ti	tu	te	to
	chi	tsu		

		っ		
		ltu		
		xtu		

だ	ぢ	づ	で	ど
da	di	du	de	do

ちゃ	ちぃ	ちゅ	ちぇ	ちょ
tya	tyi	tyu	tye	tyo
cha		chu	che	cho
cya	cyi	cyu	cye	cyo

つぁ	つぃ		つぇ	つぉ
tsa	tsi		tse	tso

てゃ	てぃ	てゅ	てぇ	てょ
tha	thi	thu	the	tho

とぁ	とぃ	とぅ	とぇ	とぉ
twa	twi	twu	twe	two

ぢゃ	ぢぃ	ぢゅ	ぢぇ	ぢょ
dya	dyi	dyu	dye	dyo

でゃ	でぃ	でゅ	でぇ	でょ
dha	dhi	dhu	dhe	dho

どぁ	どぃ	どぅ	どぇ	どぉ
dwa	dwi	dwu	dwe	dwo

な行

な	に	ぬ	ね	の
na	ni	nu	ne	no

にゃ	にぃ	にゅ	にぇ	にょ
nya	nyi	nyu	nye	nyo

は行

は	ひ	ふ	へ	ほ
ha	hi	hu	he	ho
		fu		

ひゃ	ひぃ	ひゅ	ひぇ	ひょ
hya	hyi	hyu	hye	hyo

ふゃ		ふゅ		ふょ
fya		fyu		fyo

ふぁ	ふぃ	ふぅ	ふぇ	ふぉ
fwa	fwi	fwu	fwe	fwo
fa	fi		fe	fo
	fyi		fye	

付録

ば	び	ぶ	べ	ぼ
ba	bi	bu	be	bo

びゃ	びぃ	びゅ	びぇ	びょ
bya	byi	byu	bye	byo

ヴぁ	ヴぃ	ヴ	ヴぇ	ヴぉ
va	vi	vu	ve	vo

ヴゃ	ヴぃ	ヴゅ	ヴぇ	ヴょ
vya	vyi	vyu	vye	vyo

ぱ	ぴ	ぷ	ぺ	ぽ
pa	pi	pu	pe	po

ぴゃ	ぴぃ	ぴゅ	ぴぇ	ぴょ
pya	pyi	pyu	pye	pyo

ま行

ま	み	む	め	も
ma	mi	mu	me	mo

みゃ	みぃ	みゅ	みぇ	みょ
mya	myi	myu	mye	myo

や行

や		ゆ		よ
ya		yu		yo

ゃ		ゅ		ょ
lya		lyu		lyo
xya		xyu		xyo

ら行

ら	り	る	れ	ろ
ra	ri	ru	re	ro

りゃ	りぃ	りゅ	りぇ	りょ
rya	ryi	ryu	rye	ryo

わ行

わ	うぃ		うぇ	を
wa	wi		we	wo

ん	ん	ん
nn	n’	xn

っ：n 以外の子音の連続でも変換できる。　例： itta → いった
ん：子音の前のみ n でも変換できる。　例： panda → ぱんだ
ー：キーボードの［ー］キーで入力できる。　※「ヴ」のひらがなはありません。

索引

できるサポートのご案内

本書の記載内容について、無料で質問を受け付けております。受付方法は、電話、FAX、ホームページ、封書の4つです。なお、A.～D.はサポートの範囲外となります。あらかじめご了承ください。

受付時に確認させていただく内容

①**書籍名・ページ**
『できるポケット Word 2021 基本&活用マスターブック Office 2021&Microsoft 365両対応』
②**書籍サポート番号→501516**
※本書の裏表紙(カバー)に記載されています。
③**お客さまのお名前**
④**お客さまの電話番号**
⑤**質問内容**
⑥**ご利用のパソコンメーカー、機種名、使用OS**
⑦**ご住所**
⑧**FAX番号**
⑨**メールアドレス**

サポート範囲外のケース

A. 書籍の内容以外のご質問(書籍に記載されていない手順や操作については回答できない場合があります)
B. 対象外書籍のご質問(裏表紙に書籍サポート番号がないできるシリーズ書籍は、サポートの範囲外です)
C. ハードウェアやソフトウェアの不具合に関するご質問(お客さまがお使いのパソコンやソフトウェア自体の不具合に関しては、適切な回答ができない場合があります)
D. インターネットやメール接続に関するご質問(パソコンをインターネットに接続するための機器設定やメールの設定に関しては、ご利用のプロバイダーや接続事業者にお問い合わせください)

問い合わせ方法

電話 (受付時間:月曜日~金曜日 ※土日祝休み 午前10時~午後6時まで)

0570-000-078

電話では、上記①~⑤の情報をお伺いします。なお、**通話料はお客さま負担**となります。対応品質向上のため、通話を録音させていただくことをご了承ください。一部の携帯電話やIP電話からはご利用いただけません。

FAX (受付時間:24時間)

0570-000-079

A4サイズの用紙に上記①~⑧までの情報を記入して送信してください。質問の内容によっては、折り返しオペレーターからご連絡をする場合もあります。

インターネットサポート (受付時間:24時間)

https://book.impress.co.jp/support/dekiru/

上記のURLにアクセスし、専用のフォームに質問事項をご記入ください。

封書

〒101-0051
東京都千代田区神田神保町一丁目105番地
株式会社インプレス
できるサポート質問受付係

封書の場合、上記①~⑦までの情報を記載してください。なお、封書の場合は郵便事情により、回答に数日かかる場合もあります。

■著者
田中　亘（たなか　わたる）

「できるWord 6.0」（1994年発刊）を執筆して以来、できるシリーズのWord書籍を執筆。ソフトウェア以外にも、PC関連の周辺機器やスマートフォンにも精通し、解説や評論を行っている。

STAFF

シリーズロゴデザイン	山岡デザイン事務所 <yamaoka@mail.yama.co.jp>
カバー・本文デザイン	伊藤忠インタラクティブ株式会社
カバーイラスト	こつじゆい
本文イラスト	松原ふみこ・福地祐子
DTP 制作	町田有美・田中麻衣子
編集制作	トップスタジオ
編集協力	小野孝行
デザイン制作室	今津幸弘 <imazu@impress.co.jp>
	鈴木　薫 <suzu-kao@impress.co.jp>
制作担当デスク	柏倉真理子 <kasiwa-m@impress.co.jp>
編集	松本花穂 <matsumot@impress.co.jp>
編集長	藤原泰之 <fujiwara@impress.co.jp>

■商品に関する問い合わせ先

このたびは弊社商品をご購入いただきありがとうございます。本書の内容などに関するお問い合わせは、下記のURLまたは二次元バーコードにある問い合わせフォームからお送りください。

https://book.impress.co.jp/info/

上記フォームがご利用いただけない場合のメールでの問い合わせ先

info@impress.co.jp

※お問い合わせの際は、書名、ISBN、お名前、お電話番号、メールアドレス に加えて、「該当するページ」と「具体的なご質問内容」「お使いの動作環境」を必ずご明記ください。なお、本書の範囲を超えるご質問にはお答えできないのでご了承ください。

●電話やFAXでのご質問は、190ページの「できるサポートのご案内」をご確認ください。また、封書でのお問い合わせは回答までに日数をいただく場合があります。あらかじめご了承ください。
●インプレスブックスの本書情報ページ　https://book.impress.co.jp/books/1122101048 では、本書のサポート情報や正誤表・訂正情報などを提供しています。あわせてご確認ください。
●本書の奥付に記載されている初版発行日から3年が経過した場合、もしくは本書で紹介している製品やサービスについて提供会社によるサポートが終了した場合はご質問にお答えできない場合があります。

■落丁・乱丁本などの問い合わせ先

FAX　03-6837-5023
service@impress.co.jp
※古書店で購入された商品はお取り替えできません。

できるポケット

Word（ワード） 2021 基本（きほん） & 活用（かつよう）マスターブック

Office（オフィス） 2021 &（アンド） Microsoft（マイクロソフト） 365両対応（りょうたいおう）

2022年9月11日　初版発行

著　者　田中（たなか）　亘（わたる）&（アンド）できるシリーズ編集部（へんしゅうぶ）

発行人　小川　亨

編集人　高橋隆志

発行所　株式会社インプレス
〒101-0051　東京都千代田区神田神保町一丁目105番地
ホームページ　https://book.impress.co.jp/

印刷所　図書印刷株式会社

ISBN978-4-295-01516-1　C3055

Printed in Japan